低阶煤-油泡浮选矿化行为及油泡特性研究

王市委　著

北　京
冶　金　工　业　出　版　社
2021

内 容 提 要

本书系统论述了低阶煤-油泡浮选矿化基础理论、油泡浮选表面活性剂药剂、油泡浮选装置和浮选主要工艺参数，并针对我国低阶煤浮选现状和浮选技术瓶颈，较全面地介绍了低阶煤-油泡浮选的主要研究成果（油泡浮选矿化理论、液膜分离压与疏水力常数的相互关系、诱导时间与黏附效率的相关关系模型、低阶煤颗粒-气/油泡间三相接触周边形成扩展机制），根据浮选基础理论指导低阶煤浮选实践的原则，研究成果充实了现有的浮选理论和浮选工艺。书中着重介绍了国内外低阶煤处理技术、油泡浮选技术和油泡浮选基础理论，介绍了常见低阶煤煤质特性和低阶煤的浮选生产现状。

本书可供矿物加工工程选煤领域的研究人员、生产技术人员及选煤设计人员参考，也可作为相关专业高校师生的教学参考书。

图书在版编目(CIP)数据

低阶煤-油泡浮选矿化行为及油泡特性研究/王市委著．—北京：冶金工业出版社，2021.4

ISBN 978-7-5024-8828-4

Ⅰ.①低…　Ⅱ.①王…　Ⅲ.①选煤—油团浮选—研究
Ⅳ.①TD94

中国版本图书馆 CIP 数据核字（2021）第 097527 号

出 版 人　苏长永
地　　址　北京市东城区嵩祝院北巷 39 号　邮编　100009　电话　(010)64027926
网　　址　www.cnmip.com.cn　电子信箱　yjcbs@cnmip.com.cn
责任编辑　张熙莹　美术编辑　彭子赫　版式设计　孙跃红
责任校对　石　静　责任印制　李玉山
ISBN 978-7-5024-8828-4
冶金工业出版社出版发行；各地新华书店经销；北京建宏印刷有限公司印刷
2021 年 4 月第 1 版，2021 年 4 月第 1 次印刷
710mm×1000mm　1/16；9.25 印张；179 千字；140 页
56.00 元

冶金工业出版社　投稿电话　(010)64027932　投稿信箱　tougao@cnmip.com.cn
冶金工业出版社营销中心　电话　(010)64044283　传真　(010)64027893
冶金工业出版社天猫旗舰店　yjgycbs.tmall.com
（本书如有印装质量问题，本社营销中心负责退换）

前　言

我国低阶煤资源丰富、产量巨大，已成为我国煤炭生产和供应的重要组成部分。但由于低阶煤可浮性差、浮选矿化困难、易形成细泥夹带以及浮选过程中烃类油捕收剂的消耗量大等问题，故其浮选工艺仍停留在试验阶段。针对以上问题，本书以神东矿区大柳塔及煤制油选煤厂的低阶煤煤泥为研究对象，在其相关煤质分析的基础上，分析了其表面特性和润湿热力学行为，设计了气/油泡在低阶煤表面铺展行为研究的摄像分析系统。通过高速摄像和原子力显微镜技术，分析了气/油泡在不同粗糙度低阶煤表面的三相接触周边形成过程；采用流体动力学及分子-动力学模型拟合了气/油泡在不同粗糙度低阶煤表面的铺展过程。在低阶煤颗粒-气/油泡间诱导时间测试的基础上，通过扩展DLVO 理论及 Stefan-Reynolds 液膜薄化方程，拟合计算了低阶煤颗粒-气/油泡间的疏水力常数。通过低阶煤颗粒-气/油泡的浮选速率试验，并利用 Sutherland 理论中关于固体颗粒进入泡沫产品的总概率和浮选速率常数之间的关系，计算得到了低阶煤颗粒-气/油泡间的诱导时间。此外，利用高速摄像技术，测试了低阶煤颗粒在气泡及油泡表面滑动的角速度和滑动时间，以及单个气泡及油泡在表面活性剂溶液中的上升速度、消泡时间。研究成果丰富了低阶煤油泡浮选理论，对于低阶煤浮选的工业应用具有重要指导意义。

作者在撰写本书的过程中得到了导师陶秀祥教授的鼓励和支持，同时感谢石开仪博士、屈进州博士、唐龙飞博士、陈松降博士为本书撰写提出的宝贵意见和建议。

由于作者水平有限，书中不足之处，敬请读者批评指正。

王市委
2020 年 11 月于六盘水师范学院

目　录

1 绪　论

1.1 概述

我国低阶煤主要包括褐煤、长焰煤、不黏煤、弱黏煤和1/2中黏煤等，其中长焰煤、不黏煤、弱黏煤和1/2中黏煤合称为低变质程度的烟煤或次烟煤[1]。我国低阶煤资源十分丰富，约占我国煤炭资源总量的45.68%（见表1-1）。2009年，我国低阶煤生产量约占煤炭总生产量（30.2亿吨）的50%以上，很显然低阶煤已经成为我国煤炭能源生产和供应的重要组成部分[1]。随着我国低阶煤开采量的不断增加，煤泥含量和灰分也急剧上升。因此，低阶煤的浮选提质问题已经成为煤炭洗选领域关注和研究的热点问题。

表1-1　低阶煤主要储量国（2013年）[1]

国　家	煤炭总量/Mt	储产比	无烟煤和烟煤储量/Mt	次烟煤和褐煤储量/Mt	占世界低阶煤总量/%	低阶煤占本国煤炭/%
美国	237295	266	108501	128794	26.37	54.28
俄罗斯	157010	452	49088	107922	22.10	68.74
中国	114500	31	62200	52300	10.71	45.68
德国	40548	213	48	40500	8.29	99.88
澳大利亚	76400	160	37100	39300	8.05	51.44
印度尼西亚	28017	67	—	28017	5.74	100.00
乌克兰	33873	384	15351	18522	3.79	54.68
哈萨克斯坦	33600	293	21500	12100	2.48	36.01
土耳其	8702	141	322	8380	1.72	96.30
巴西	6630	>500	—	6630	1.36	100.00
印度	60600	100	56100	4500	0.92	7.43
加拿大	6582	95	3474	3108	0.64	47.22
希腊	3020	56	—	3020	0.62	100.00
保加利亚	2366	83	2	2364	0.48	99.92
巴基斯坦	2070	>500	—	2070	0.42	100.00
匈牙利	1660	174	13	1647	0.34	99.22
波兰	5465	38	4178	1287	0.26	23.55
泰国	1239	69	—	1239	0.25	100.00
世界合计	891531	113	403199	488332	100	54.77

2014年12月，国家能源局等三部委为落实贯彻“节约、清洁、安全”的国家能源战略方针，联合发布的《关于促进煤炭安全绿色开发和清洁高效利用的意见》中明确指出，到2020年，我国原煤入洗率要上升到80%以上，实现煤炭的应选尽选……在京津冀及周边、长三角和珠三角等重点区域，限制使用灰分高于16%、硫分高于1%的散煤……使低阶煤炭资源的开发和综合利用研究取得积极进展。现如今，低阶煤浮选工艺尚未实现工业化应用，细颗粒低阶煤主要作为动力煤直接销售。

目前，我国对于低阶煤的洗选加工主要为0.2mm（或0.5mm）以上的1/2中黏煤、弱黏煤、不黏煤和长焰煤中的块煤，洗选设备通常采用重介质块煤浅槽分选机、重介质旋流器及TBS或螺旋分选机，对于小于0.2mm（或小于0.5mm）的煤泥通常不进行分选，而是直接采用加压过滤机、沉降过滤式离心机及快开式板框压滤机配合回收等[2]，因此，在一定程度上使得重选精煤产品“背灰”。对于难选的褐煤来说，通常依据分选介质的不同分为干法分选和湿法分选：干法分选中，目前应用最多的是复合式干法选煤技术；在湿法分选中，硬质褐煤比较适宜洗选，而软褐煤由于煤质疏松，遇水极易泥化，使其分选困难并且洗后煤泥水处理复杂[3,4]。

由于我国低阶煤煤泥基本不进行洗选，而是直接掺入重选精煤产品中去。但随着低阶煤煤泥量的急剧上升和灰分的不断增加，只能部分回掺煤泥以保证精煤产品的灰分要求，从而使得相当数量的煤泥无法得到有效利用。这不仅造成煤炭资源的浪费，还带来了严重的环境污染问题。如果对低阶煤煤泥进行浮选加工，不仅可以进一步降低其灰分和硫分，而且还可以满足不同用户对其质量的要求，有利于低阶煤的转化和高效清洁利用。因此，采取新的技术手段和途径突破低阶煤浮选的瓶颈问题，具有一定的理论和实际意义。由于低阶煤表面氧含量高，如存在大量亲水性含氧基团的羟基（—OH）、羧基（—COOH）等[5]，导致其可浮性很差；且其孔隙率大、质地松散，遇水极易泥化（褐煤），存储中易于风化和自燃，以及浮选过程中捕收剂消耗量高，所以难以通过常规浮选方法或装置进行有效的分选提质，导致低阶煤的浮选工艺至今未能实现工业应用，已然成为煤炭洗选加工领域的一个世界性难题。

为解决低阶煤浮选的难题，本书研究引入了油泡浮选方法，通过油泡代替气泡可有效促进低阶煤颗粒与油泡矿化，大幅度地减少低阶煤浮选的捕收剂消耗量。目前，有关低阶煤与油泡的矿化机理还不清楚，对低阶煤可浮性变化特征认知仍然欠缺，需要深入研究低阶煤的油泡浮选行为和过程特征，弄清浮选速率的规律和矿粒与气泡的黏附行为，不断完善油泡浮选理论，为低阶煤油泡浮选的工业应用提供理论依据。

1.2 低阶煤研究技术进展

1.2.1 低阶煤表面官能团研究

低阶煤表面分布着大量的含氧极性官能团（—OH、>C=O、—COOH 等），同时具有异质性结构及各向异性表面，因此，其表面自由能不仅来自扩散力，同时还来自不同极性界面间的作用力[7]。当煤表面是由范德华键的断裂形成时，其表面呈现出疏水性；而当煤表面是由共价键或离子键的断裂形成时，其表面呈现出亲水性。由于煤的表面存在这些亲水基，因此煤的表面呈现出电负性[8]。并且由于强电负性氧原子在低阶煤表面的大量存在，使得低阶煤颗粒表现出较强负电性，其表面也表现出较强的亲水性[9]。煤表面分布的—OH、—COOH、>C=O 等含氧基团直接支配着低阶煤表面的亲疏水性，提高了其表面的吸水性和 Zeta 电动电位，降低了接触角，从而降低了低阶煤颗粒的可浮性[10]。

煤开采后在空气中存放一段时间后，其表面在与空气中的氧相互作用下会发生不同程度的氧化和风化作用。煤表面的氧化过程是使煤的分子结构从复杂到简单的逐渐降解过程；而风化过程是煤在低温环境下的逐渐氧化过程[11]。煤与空气中氧的作用主要是指煤的风化过程，变质程度越低的煤表面越容易被风化而氧化。风化后的煤，其碳和氢含量降低，氧含量增加，同时硬度降低，可浮性变差。煤的氧化是指其表面的苯核或苯核侧链被氧化后生成亲水性酚基、羟基和醌基等官能团，从而提高了煤表面的含氧官能团数量，增加了其表面亲水性能，降低了其可浮性[12]。在常温条件下煤的氧化过程会改变其表面的物理特性和化学性质，在煤表面形成的酸性基团会直接影响其可浮性[13, 14]。

由于水分子和煤表面的含氧官能团相互结合形成氢键，加剧了氧化煤的进一步氧化，因此煤在水中的氧化过程要比在空气中氧化行为更为激烈[15]。煤的粒径越大，氧化行为对其浮选效果的影响就越严重，这是由于大颗粒煤表面的裂纹较多，使得氧化行为可以延伸到煤的内部结构[16]。对煤分子结构的研究表明，构成其分子结构的主要芳香烃类物质（主体结构）均具有疏水性，但是并不能据此断定煤的表面就是疏水的，因为煤分子结构中还包含一定数量的非芳香烃类物质，而这些物质的亲疏水性将对煤表面的亲疏水性产生很大影响。由于煤分子结构中的烷基侧链具有天然的疏水性，因此它的存在可以显著增加煤表面的疏水性。而连接在煤分子结构上的含氧官能团，如羟基（—OH）、羧基（—COOH）、羰基（>CO）、甲氧基（—OCH_3）和醚键（—O—）等，由于均可以和水分子缔合而形成氢键，在氧化煤的表面形成稳定的水化膜，故含氧官能团的存在显著提高了煤表面的亲水性。煤分子结构中的含硫官能团和含氧官能团在结构上相类似，主要包括硫醇、硫醚、硫醌、二硫醚及杂环硫等亲水性侧链。而一些起到连接作用的桥键，除了醚键（—O—）、次甲基醚（$—CH_2—O—$、$—CH_2—S—$），也均具有亲水性。煤中各种含氧官能团的近似含量见表1-2。

表1-2 煤中各种含氧官能团的近似含量[17] （%）

C	O	C—O—C 和—O—	—OH	>C=O	—COOH	$—OCH_3$
95	1	1	—	—	—	—
85	6	2	3	2	—	—
75	16	6	7	1	1	—
65①	28	10	7	2	8	1

①为欧洲褐煤的含量。

随着煤化程度的降低，煤分子结构上的侧链逐渐增多。相对于高等煤化程度的煤和中等变质程度的煤，低阶煤表面上的侧链相对较多，并且在其侧链上还存在着大量的含氧官能团。这些含氧官能团可以和水分子缔合而形成氢键，从而在氧化煤的表面形成稳定的水化膜。因此，相对于其他高阶煤表面，低阶煤表面具有强的亲水性，故造成其可浮性很差。由于低阶煤极易氧化和风化，空气中少量氧就可以使其表面氧化，氧化行为始于氧在煤表面以物理吸附的形式生成含氧复合物，此后由于煤分子结构中环的断裂以化学吸附的形式形成极性含氧基团酚羟基、羰基和过氧化物型[18]，这些含氧官能团对煤的化学组成、亲疏水性、表面电位和可浮性产生了显著性影响，降低了低阶煤的可浮性，因而，难以通过常规的浮选方法对低阶煤进行有效的分选提质。

低阶煤表面的含氧官能团不仅影响其浮选行为，同时控制着其浮选体系的热力学（表面亲疏水点的润湿性平衡）和动力学（表面电荷）过程[19]。氧化煤表面分布的C=O、C—O和—COOH等含氧基团，有利于提高煤粒表面的润湿速率，同时明显降低低阶煤表面的疏水性[20]。王永刚等人[10]研究表明，羟基和羧基是低阶煤表面上主要的含氧官能团，其中羟基的氧占总含氧量的34.79%~53.00%，同时发现中国褐煤羧基的含量要显著大于羟基的含量，而其他国家的褐煤中羟基含量大于羧基含量。辛海会等人[21]采用红外光谱对北皂褐煤表面分析发现，不同粒级的褐煤，其表面的主要官能团分布不一，其表面官能团的含量并非随褐煤粒度的减小而增加。

1.2.2 低阶煤表面预处理改性研究

国内外研究人员对低阶煤的浮选提质研究主要着眼于如何提高低阶煤的可浮性及表面疏水性，通过表面预处理手段可以减少煤炭表面的含氧基团[10, 22]，或者选用合适的浮选药剂改变褐煤表面的亲疏水性[23]。

在表面预处理研究方面，主要有研磨[24, 25]、预调浆及预混合[26, 27]、超声波[28]、加热[5]、微波[29, 30]和直接接触混合[31]等方法。究其作用过程，主要是[32]研磨、预调浆及预混合和超声波等方法可有效去除低阶煤/氧化煤表面上覆盖的氧化层和薄黏土层；加热和微波预处理方法可去除煤孔隙中的自由水、结合水以及部分羟基官能团；对于直接接触混合手段则是提前使捕收剂在煤表面进行吸附以避免润湿煤表面形成的水化层对捕收剂产生阻碍作用。

国外学者研究了低阶煤（褐煤）的热浮选行为，褐煤在受热处理时因其表面及微孔中结合水分子和各种含氧官能团被去掉，从而其表面疏水性得到了明显改善[5]。李登新及李拥军等人[33,34]的研究结果也佐证了上述结论。此外，在低温环境（130℃、200~300℃）下处理低阶煤也有助于改善其表面亲疏水性质，提高其浮选效果[45, 46]。

Xia 等人[35]对表面轻度氧化的太西无烟煤进行了磨矿处理，磨矿处理 30min 后其可浮性得到了明显提升，而对于表面重度氧化的无烟煤煤样经过 80min 磨矿处理后才可使其浮选回收效果达到最佳，但随着对煤样的磨矿时间进一步增加，其浮选回收效果反而逐渐恶化。

Özbayoğlu 等人[30]利用微波对低阶煤进行预处理，研究结果表明微波处理后煤样的浮选精煤产率得到了提高，灰分更低；微波可以选择性地加热低阶煤，去除煤孔隙中的水分，而不会使低阶煤的表面因受热作用而氧化。Xia 等人[36]利用微波处理方法使氧化无烟煤的浮选效果得到了显著提高。

Jena 等人[37]采用脂肪醇对表面已氧化的小于 1mm 印度高灰次烟煤进行预处理，选用重油作为浮选促进剂对其进行了浮选试验，并获得了理想的浮选效果。Atesok 等人[38]在低阶煤的干磨过程中添加沥青并在 300~600℃下对煤样进行热处理，浮选实验结果表明，在精煤灰分变化不大的前提下，低阶煤浮选回收率提高了 67.8 个百分点。萨布里耶等人[32]发现，在实验室条件下，通过混合颗粒体之间的相互摩擦作用可以有效去除氧化煤表面的氧化层。Nimerick 等人[39]通过延长调浆时间，使难浮煤回收率得到了提高。Xia 等人[20]通过对氧化煤润湿时间的研究发现，较短时间的预调浆有助于提高氧化煤浮选回收率。

1.2.3 低阶煤表面化学药剂改性研究

对低阶煤表面的化学药剂改性主要是通过表面活性剂、促进剂及煤与药剂混掺的方式来提高其表面疏水性。这些表面改性化学药剂主要包括含氧官能团类捕收剂[40]、脂肪胺和长链胺类[41]、共聚物[42]、非离子和离子型表面活性剂[43, 44]及烃类捕收剂和表面活性剂的联合[44]等。通过添加促进剂可以对氧化煤/低阶煤的表面进行改性，提高油类捕收剂的乳化和浮选气泡的分散等，因而通过向矿浆中添加促进剂可以有效地促进颗粒—颗粒、颗粒—气泡以及颗粒—油滴之间的接触，获得理想的浮选回收率和选择性，降低浮选油耗[45]。

国内学者也研发了很多种化学药剂进行低阶煤/氧化煤的浮选改性。WC-01

与捕收剂的联合使用实验结果表明，WC-01 对低阶煤表面的改性效果显著，在相同使用剂量下，浮选产率提高了 16%~33%，并且浮选选择性较好[9]。湖南省煤研所研发的 FO 型浮选药剂[46]是同时兼有起泡作用与捕收作用的双性能新型复合药剂，可使难溶于水的非极性捕收剂随复合体一起有效地分散在浮选矿浆中，提高 FO 型浮选药剂与煤颗粒的碰撞吸附概率，增强细粒级煤表面的疏水性。天地科技唐山分公司研发的非离子型 OC 系列添加剂可以有效提高氧化煤泥表面的疏水性效果[47]。在 M 型浮选促进剂[48]的基础上研制的 MA 型浮选促进剂[49]是一种性能优良且适合难浮煤浮选的浮选促进剂（可节省油类捕收剂用量 30%）。Xia 等人[50]研究发现利用生物柴油和氧化柴油可以有效提高氧化煤的浮选回收率。Zhang 等人[51]采用山梨糖醇酐单油酸酯对蒙东褐煤（<74μm）进行表面改性，在药剂浓度为 1%时可以获得最佳浮选效果。郭梦熊等人[52]研究发现非离子型表面活性剂可以在氧化/低阶煤的亲水性表面上发生特性吸附，并以其长烃链覆盖在煤的亲水表面上，从而提高氧化/低阶煤的表面疏水性。

国外，Cebeci[44]采用浮选药剂及其组合的方式对低阶煤（褐煤）的表面进行改性，研究表明 70%煤油+15%乳化剂+15%表面活性剂（质量分数）可以取得较好的分散性和稳定性，并发现采用组合药剂煤油+乳化剂或煤油+乳化剂+非离子表面活性剂获得的浮选效果要强于煤油+乳化剂+阳离子/阴离子表面活性剂得到的浮选效果。Ceylan 等人[43]选择 3 种表面活性剂对 3 种低阶煤（褐煤）进行表面改性，浮选结果表明，在不同表面活性剂改性下，虽然不同类型褐煤的脱硫和降灰效果虽会有差异，但浮选效果主要还是取决于褐煤固有的特征和组成[53]。褐煤中存在较多的黏土类物质降低了褐煤的可浮性。Vamvuka 等人[54]采用了 4 种表面活性剂对低阶煤（褐煤）表面进行改性，浮选实验结果表明，仅使用煤油捕收剂时，褐煤的浮选回收率和可浮性均未得到有效提高；而采用组合药剂煤油+阳离子表面活性剂时，取得的褐煤浮选效果较好。其中煤油+非离子型条件下的褐煤浮选效果最差；煤油+阴离子型条件下的褐煤浮选居于前二者之间。Garcia 等人[55]认为，在露天开采过程中，煤样表面经风化氧化后可形成腐殖质，并在煤中的矿物成分中产生 Fe(Ⅲ) 离子。在碱性溶液环境下，腐植酸发生溶解，而氢氧化铁由于沉淀作用从风化氧化的褐煤表面解吸附，产生的腐植酸-矿物杂质（特别是铝硅酸盐）复合物可使黏土颗粒疏水，从而提高露天开采煤样的可浮性，但浮选产物中会伴随低灰杂质。聚氧乙烯-聚氧丙烯-聚氧乙烯（PEO/PPO/PEO）等共聚物也可用于低阶煤的表面改性，改善浮选效果[41]。

在浮选捕收剂的使用方面，Jia 等人[40]的研究表明，采用具有含氧基团的捕收剂（THF 系列）取得的浮选试验效果要优于十二烷捕收剂。由于这些化合物类捕收剂兼具长链烃和含氧基团的双重特性，因此，利用药剂间的复配效应[56]，使捕收剂的极性端与煤表面的含氧官能团形成氢键，而捕收剂的非极性端与煤疏水表面结合，从而提高煤的可浮性。Sarikaya 等人[13]、Wen[57]的研究发现，采用胺类捕收剂可以显著改善氧化煤的浮选效果。在氧化矿浮选中，常选用脂肪胺类药剂作为捕收剂[39]。同时，轻质柴油也被实验证明是一种较好的低阶煤浮选捕收剂[58]。

Gürses 和 Ünal 等人[59,60]研究了微细粒煤选择性油团聚过程中的不同参数；李安等人[61]采用絮团浮选方法对炼焦煤进行深度脱灰，利用絮团浮选技术对已经解离出的低灰精煤进行再分选。罗道成等人[62]提出了造粒浮选的方法以提高褐煤亲疏水性，通过造粒后可以有效改变褐煤的表面润湿性，降低造粒褐煤的浮选精煤灰分。

此外，低阶煤/氧化煤的浮选效果也受浮选工艺参数的影响。刘文礼等人[11]通过对捕收剂、起泡剂、矿浆浓度、浮选机叶轮转速、充气量和刮板器转速的优化，提高了风化氧化煤泥的浮选效果。高淑玲等人[63]通过添加多种调整剂对准格尔地区的低变质程度弱黏性低阶煤进行调浆，之后采用常规浮选药剂实现了对该煤样的有效浮选分离。当浮选矿浆中细泥含量较高，浮选浓度越低时，浮选效率越高，尤其对受到氧化且细泥含量高的煤，较低的矿浆浓度有利于浮选药剂的选择性，但浮选矿浆浓度过低，会影响选煤厂的经济效益和技术指标。徐初阳等人[64]利用可燃物回收率计算指标，选择浮选矿浆浓度为60g/L，脱除细泥含量的77%时，可以取得较好的浮选效果，精煤产率高达62%。同时，实验证明反浮选也是一种提高低阶煤浮选效果的有效方法[65]。

1.2.4 气泡表面 Zeta 电位研究

目前，在微细粒浮选中，对气泡性质的研究多集中在其尺寸和水动力学性质上，而对于其表面电动电位对浮选效果的影响尚缺乏研究。浮选过程中，不仅颗粒浮选效率受气泡表面电位影响，其表面润湿行为也受气泡表面电位的影响。Graciaa 等人[66]通过沿水平轴不断转动的电泳装置测量了气泡在去离子水中的表面电位为-65mV。Yang 等人[67]通过微电泳法测量了气泡表面电位，研究结果表明，在一定 pH 值下，气泡表面电位不仅受电解质浓度的影响，还受溶液中金属离子类型的影响。Liu 等人[68]研究发现表面活性剂对油泡表面电动行为的影响取决于表面活性剂分子的类型、浓度和电离程度；随着十二胺盐酸盐浓度的变化，油泡表面的 Zeta 电位由负到正，同时油泡的等电点（IEP）也发生了显著转变。Saulnier 等人[69]的研究表明，在表面活性剂溶液中，气泡表面达到平衡电位需要一定时间，这个时间主要取决于表面活性剂溶液浓度与其临界胶束浓度之间差距。在不同浓度的表面活性剂溶液中，气泡表面达到平衡电位所需时间的差异反映了活性剂分子在气泡表面吸附动力学和饱和程度的差异[69]。

Elmahdy 等人[70]研究发现，非离子型起泡剂的浓度和种类对气泡表面的电动电位产生的影响很小，而气泡尺度对其表面电位影响很大。同时，Bueno-Tokunaga 等人[71]研究发现，常规捕收剂的种类和用量不同，对气泡表面的电位影响不同，且与捕收剂相比，起泡剂对气泡表面电位的影响并不大。当捕收剂和起泡剂用量一定时，在酸性或碱性条件下，气泡的尺寸会减小，而气泡尺寸的变化会影响其表面电位情况[71]。研究者对不同溶液环境下，气泡表面的电动电位的分布范围也进行了相关研究[72]。通过超声波技术产生的纳米泡，其表面的电位在溶液临界胶束浓度附近发生显著变化；在低浓度的表面活性剂溶液中，气泡表面电位随浓度的增加而呈现线性增加；而在高浓度溶液范围内其表面电位不发生变化[72]。Ushikubo 等人[73]研究了不同气体类型在水中形成的气泡的表面电位，研究表明，不同气体形成的气泡的表面负电位具有不同的范围，其绝对值范围如下：34～45mV（O_2）、17～20mV（空气）、29～35mV（N_2）、20～27mV（CO_2）以及 11～22mV（Xe）；同时不同气体形成的气泡具有不同的外形和稳定性。

Wu 等人[74]通过测试油砂颗粒、气泡及二者混合后的电位分布来判断油砂颗粒与气泡的黏附程度。与上述方法相似，Kusuma 等人[75]通过研究目标矿物（即镍黄铁矿）、脉石矿物（如蛇纹石、橄榄石、镁铝）及二者混合后在水溶液中的电位分布来判断两种颗粒的黏附程度，并通过原子力显微镜（AFM）测试二者之间的相互作用，试验研究发现 Zeta 电位分布情况和 AFM 力测量结果吻合较好。因此，通过研究矿物表面电荷性质及矿物颗粒间的相互作用，可以获得目标矿物和脉石矿物相互作用机制[76]。

1.2.5 气泡表面张力研究

浮选过程中为了提高目标矿物的选择性和回收率，通常会添加无机药剂或有机药剂（表面活性剂）。表面活性剂（起泡剂或捕收剂）在气-水界面吸附会产生如下效果[77]：(1) 减小气泡尺寸，使其比表面积得到增加，提高颗粒与其碰撞效率，同时可以防止气泡产生团聚。(2) 减小气泡上升速度及表面流动性。(3) 增加浮选精矿泡沫的稳定性。这些表面活性剂的添加会影响气-水界面和固-液界面的性质，最终影响矿粒与气泡的相互作用。因此，研究表面活性剂在气泡表面上的吸附至关重要。表面活性剂在气泡表面的动态吸附通常采用 Langmuir 吸附等温线对其吸附动力学进行建模。吸附过程中，气泡表面张力的变化主要通过悬垂气泡张力计进行测量[77]。测量过程中，气泡在玻璃毛细管端生成，随着气泡半径的增加，毛细管内的压力也随之变化，同时在气泡周围的液体中产生相应的速度场。为了建立描述该过程的模型，通常做以下假设[78]：(1) 液体是黏度为常数的不可压缩牛顿流体；(2) 界面流体满足线性 Boussinesq 模型；(3) 界面扩展时，界面吸附不影响界面法向速度的连续性；(4) 气泡在生成过程中保持径向流。

王志龙等人[78]研究发现，在同一表面活性剂浓度下，不同结构类型的表面活性剂溶液中气泡上升的瞬时速度不同。Phan 等人[79]的研究表明，起泡剂甲氧基聚丙烯乙二醇（Dowfroth 250）在气泡表面的动态吸附速率要远小于十二烷基苯磺酸钠（SDBS）在气泡表面的吸附。Nguyen 等人[77]的研究结果表明，微米级尺寸对气泡表面的动态张力影响很大，而浮选过程中毫米级尺寸对气泡表面的动态张力影响很小。Basařová 等人[80]通过对气泡表面动态张力进行测试发现表面活性中的杂质成分能显著降低气泡动态表面张力并抑制气泡与矿物表面黏附及铺展速率。同时，Basařová 等人[81]还发现具有较短亲疏水链的表面活性剂能及时完成气-液界面交换，因此，其能快速降低气泡表面动态张力并且不阻碍气泡在矿物表面的铺展速率。Liu 等人[82]研究了在十二烷胺溶液中气泡尺寸及其表面张力受沉淀物生成影响的变化过程。

Le 等人[83]研究了捕收剂十六烷基三甲基溴化铵（CTAB）和起泡剂甲基异丁基甲醇（MIBC）在气-液界面的协同吸附作用，实验表明捕收剂和起泡剂的协同吸附作用增加了气-液界面张力，这种现象不能用现有的吸附模型进行解释。Phan 及 Salamah 等人[84,85]提出了只含有一个参数变量的吸附模型捕收剂十六烷基三甲基溴化铵（CTAB）在气-液界面的吸附实验结果与模型吻合度很高。基于吉布斯吸附等温模型，Nguyen 等人[86]采用了新的吸附模型对 N-烷基叔胺在气-液界面的吸附过程进行了拟合。Nguyen 等人[87]采用了 Langmuir 吸附模型对烷基三甲基溴化铵在气泡表面的吸附过程进行了拟合并获得了较好效果。George 等人[88]进行的阳离子和阴离子表面活性剂浓度吸附实验表明，溶液表面张力的降低导致气泡表面稳定的水化膜较厚并导致气泡表面从疏水到亲水转变。Nguyen 和 Phan[89]研究了气泡表面温度梯度对其局部表面张力及表面流动性的影响。

1.2.6 气泡表面活性剂吸附特性研究

在浮选过程中，由于介质黏性阻力的影响，上升气泡的上半部和下半部的表面流体力学性质及表面活性剂浓度分布情况不同，会受到雷诺数、Marangoni 参数及动力吸附层的影响[90, 91]。气泡表面由于张力梯度会产生 Marangoni 流动，这种流动会对吸附在气泡表面颗粒的流动方向和速率产生一定影响[92]。同时，由于运动气泡表面活性剂吸附层浓度的非均匀分布会影响气泡的稳定性、排液速率以及寿命[93]。气泡性质主要取决于气泡表面动态吸附层的性质，因此，气泡表面吸附层性质的测定和分析能很好地反映三相周边形成过程[94]。Warszyński 等人[95]通过一种简易装置证明了气泡表面的活性剂吸附层在上升的过程中处于非平衡态，气泡到达气-液界面时，其顶部薄化破裂的速度要快于初始态的气泡。气泡表面薄化情况的测试装置如图 1-1 所示。

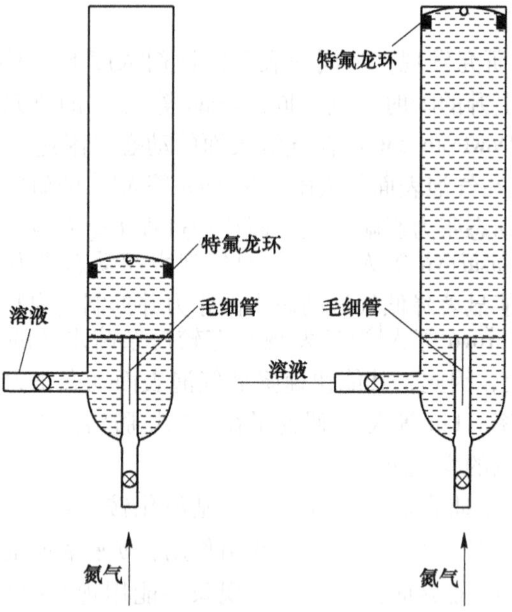

图 1-1　气泡表面薄化测试装置

大量理论研究证明，浮选过程中气泡在浮力的作用下，气泡尾部活性剂浓度要大于吸附平衡浓度，而气泡上部活性剂浓度要小于吸附平衡浓度[96]。Jachimska 等人[96]研究发现，在正丁醇溶液中，气泡自由表面距离气泡形成点较远（L=39.5cm）时，其平均寿命比位于较近（L=4cm）形成点气泡的寿命要短。同时，Jachimska 等人[97]还发现气泡表面活性剂吸附层受到其生成速度及活性剂吸附动力学的影响。气泡表面活性剂吸附情况实验如图 1-2 所示。Krzan 和 Malysa[98]研究了气泡表面上起泡剂 α−樟脑油的吸附对其瞬时速度、终速、各向尺寸及形状的影响，实验结果表明，在 3×10^{-5}mol/L 溶液中，气泡经历了加速区、减速区及终速区，同时气泡终速较去离子溶液降低了 40%；而在高浓度溶液中气泡只经历了加速区和终速区。Krzan 和 Malysa[99]同时研究了气泡在起泡剂正构醇、正丁醇、正己醇及壬醇溶液中的速度分布情况，气泡速度分布结果如前所述。同时，在表面活性剂溶液中添加电解质也会影响气泡的速度分布情况[100]。Krzan 等人[101]研究了含有极性基团的表面活性剂正辛基二甲基氧化膦、正辛基-β-D-吡喃葡萄糖苷、正辛酸及正辛基−三甲基溴化铵剂对气泡表面流动性及形状的影响，实验表明泡表面从流动变为静止所需覆盖量与表面活性剂的类型相关；同时由于表面活性剂在气泡表面的吸附使得气泡水平与竖直方向的尺寸比率由 1.5 降到了 1.05~1.03。Kowalczuk 等人[102]的研究表明随着正辛醇、α-萜品醇和 N-辛基-三甲基溴化铵溶液浓度的增加，气泡在粗糙的疏水性表面上的铺展时间逐渐增加；同时，浮选速率常数也由 $0.8s^{-1}$降到了 $0.01s^{-1}$。

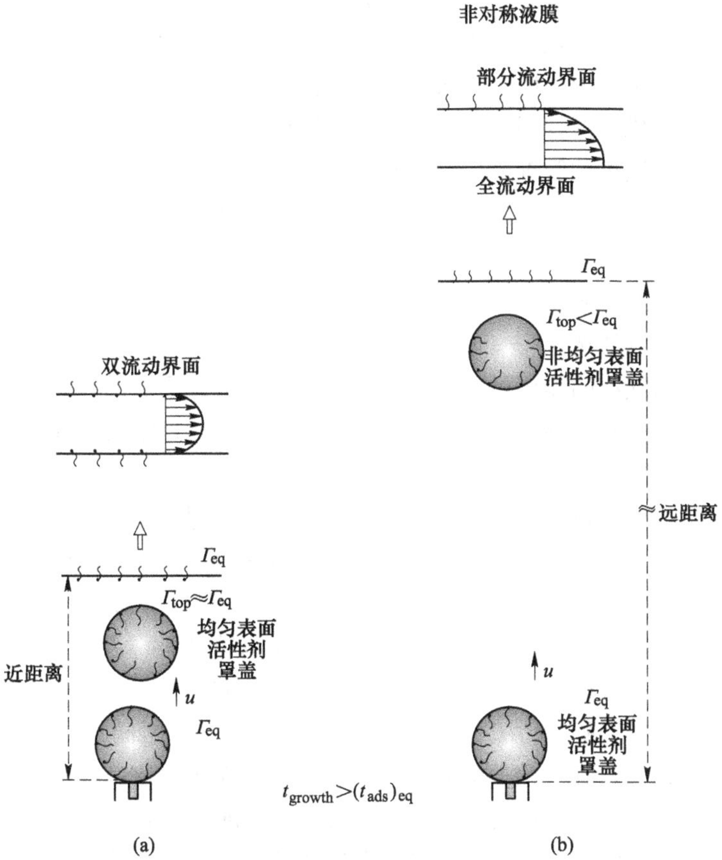

图 1-2 气泡表面活性剂吸附示意图[96]

(a) 近距离气液界面；(b) 远距离气液界面

Malysa 等人[103]研究发现，在去离子水溶液中气泡很难在第一次碰撞过程中与具有强疏水性表面的聚四氟乙烯发生黏附作用，而添加起泡剂可以促进这一过程的发生；同时，随着活性剂浓度的增加气泡形状的变形幅度和反弹的振幅逐渐下降。Niecikowska 等人[91]研究了在正十二烷基三甲基溴化铵（DDTABr）和十六烷基三甲基溴化铵（CTABr）溶液中动态吸附层（DAL）对气泡在云母表面铺展时间的影响，实验表明云母表面距离气泡形成点较近（3mm）时气泡的铺展时间远比位于较远（100mm）气泡形成点的所需时间要短。通过测试气泡在溶液中的上升速度，可以很好地反映气泡表面的活性剂动态吸附层（DAL）形成情况[104]。Zawala 和 Malysa 等人[105,106]研究了在水溶液中气泡尺寸、形状及碰撞速度对其在气-液界面聚结时间的影响。Kosior 等人[107]研究发现低浓度的 α-樟脑油和正辛醇溶液能够缩短气泡在疏水表面的铺展时间，而在高浓度溶液中，气泡在固体表面的铺展行为会被抑制。Kowalczuk 等人[108]研究发现在己胺溶液中气泡在云母表面的铺展时间不仅受溶液浓度的影响，还受溶液 pH 值的影响。

浮选是基于矿物中不同组分表面亲疏水性的差异而进行的分选过程。浮选过程中，在较强的机械搅拌强度下，通过向浮选矿浆中添加捕收剂可增加目的矿物的表面疏水性或通过抑制剂来保持脉石矿物表面的亲水性。同时，起泡剂的添加使得气泡在水相中形成稳定的分散体系，其表面具有很强的疏水性，主要起矿物颗粒载体的作用[109]。气泡外围包裹的水分子层由里及外可分为水化层、扩散层和普通水层。浮选矿浆中气泡的尺寸、含量、分散度及表面性质对浮选效果的影响极大，主要影响浮选速率、回收率及选择性[110]。除了上述因素影响浮选效果外，矿物颗粒与气泡的作用机理对浮选效果的影响至关重要，因为颗粒与气泡间的相互作用不仅支配着浮选整个过程及分选效率，而且其作用机理对丰富和发展浮选理论也至关重要[111]。

从动力学方面进行分析，通常把颗粒与气泡作用过程分为三个阶段[112]（图 1-3）：（1）矿物颗粒与气泡表面相互接近并碰撞；（2）矿物颗粒与气泡之间的水化膜薄化并破裂；（3）颗粒实现在气泡表面上的黏附。有研究者认为矿化过程第二阶段中水化膜薄化及破裂所经历的时间（诱导时间）占整个过程的 76%~94%[113]；同时，也有些研究者认为水化膜薄化及破裂经历的时间具有相同的时间数量级[114]。在浮选过程中，只有当诱导时间小于接触时间（三个阶段所需时间）时才能实现颗粒在气泡上的黏附。在颗粒与气泡的矿化过程中，需要完成颗粒与气泡间的水化膜薄化和破裂，三相接触周边扩展，最后达到平衡接触角[112]。因此，从表面黏附的观点出发，为了提高浮选效率，应适当增加待浮颗粒在矿浆

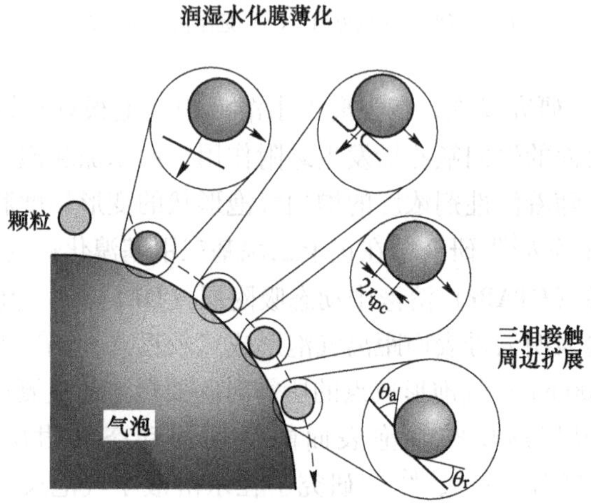

图 1-3　颗粒与气泡作用过程示意图

中的停留时间，同时提高待浮颗粒表面疏水性，以扩大三相接触周边，提高附着强度。1.2.7 节将对气泡与颗粒间的诱导时间、气泡与颗粒表面间的矿化时间的测试原理进行详细讨论。

1.2.7 诱导时间测试

由于诱导时间的测试环境考虑到了流体动力学和表面化学性质的影响，并且诱导时间的测试范围比平衡接触角测量更宽，因此，诱导时间参数能更准确地反映气泡-颗粒黏附作用机理[115]。诱导时间的概念是由 Sven-Nilsson 提出的，他测试了固定的气泡在固体表面上的诱导时间[116]。此后，Eigeles 和 Volova[117] 基于 Sven-Nilsson 的测试方法，测试了固定气泡与颗粒床层之间的诱导时间（黏附时间）。紧接着，诱导时间概念被 Ye 等人[118]、Yoon 和 Yordan[119] 进一步深化。近来，加拿大阿尔伯塔大学的 Gu 等人[120] 进一步优化了诱导时间测试装置，测试精度为 0.1ms，其测试过程原理如图 1-4 所示。此装置可以测量不同气泡尺寸、颗粒粒度、溶液 pH 值、气泡碰撞速度、气泡后撤速度及气泡与床层之间距离下的诱导时间。通常情况下，由于较大尺寸的气泡和颗粒表面具有较大尺寸的水化膜，因此，诱导时间随着气泡和颗粒尺寸的增加而增大[120]。随着气泡与颗粒床层碰撞速度的增大，气泡与颗粒床层间的排液过程加速，因此，气泡-颗粒间的诱导时间会降低。同时，溶液中的离子浓度、pH 值、捕收含量及温度都会对诱导时间产生影响。Yoon 和 Yordan[119] 研究发现，在 5×10^{-6}mol/L 的十二胺盐酸盐溶液中，随着 KCl 溶液浓度的增加，气泡-石英颗粒间的诱导时间逐渐降低。由于诱导时间测试会受到颗粒的异质性、难于控制的气泡变形程度及颗粒床层密实程度的影响，因此，诱导时间测试结果具有不确定性。尽管如此，诱导时间较接触角还是能更好地反映颗粒的浮选效果。在一定的条件下，气泡-颗粒间的诱导时间越短，颗粒的浮选效果就越好[112]。

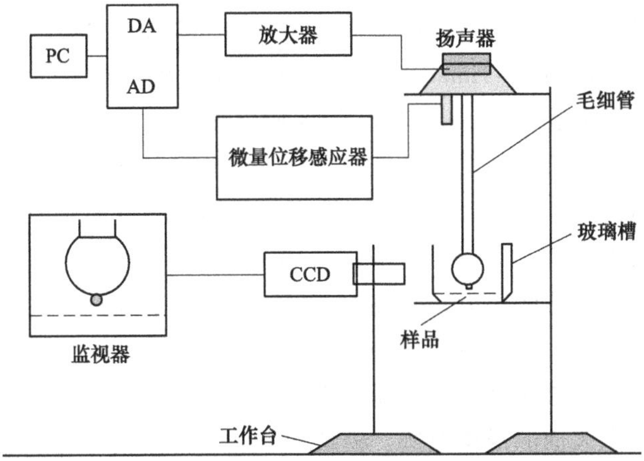

图 1-4 诱导时间测试原理图[120]

Su 等人[121]研究发现，油泡在油砂表面的铺展速度要快于气泡在油砂表面的铺展速度，并且油泡-油砂颗粒之间的诱导时间要远小于气泡-油砂颗粒之间的诱导时间；油泡的诱导时间结果与油砂浮选效果很吻合。Zhou 等人[122]采用活性油泡对氟碳铈矿进行了浮选研究，诱导时间实验结果表明，当油泡表面被异羟肟酸覆盖时，油泡和矿物颗粒不发生黏附作用。Zhou 等人[123]在诱导时间测试中还发现活性油泡与稀土矿颗粒的黏附受溶液 pH 值的影响，当溶液 pH 值在 4.8~9.0 时，矿物颗粒才和活性油泡发生黏附作用。从白云石、石英和磷灰石矿物中选择性浮选出白云石的实验表明，油泡较气泡具有更短的诱导时间、更强的黏附力及较好的浮选选择性[124]。

上述诱导时间测试过程中，气泡是移动，而颗粒处于静止状态。另一种测试装置是固定气泡，使颗粒处于运动状态，通过高速摄像技术记录颗粒在气泡表面上的滑动时间[125]。基于势流体模型，Dobby 和 Finch[126]拟合了 Schulze 和 Gottschalk 的颗粒滑移时间数据，实验结果表明，随着颗粒粒度的增加，颗粒滑移时间逐渐减小。Schulze[127]的研究表明，颗粒与气泡的碰撞效率要低于颗粒在气泡上的滑移效率，主要由于碰撞过程时间短并且气泡表面产生了形变；同时提出了估算碰撞和滑移时间的方法。Schulze 等人[128]通过颗粒与气泡的碰撞试验，发现碰撞过程中气泡恢复形变所需的振动时间非常短，不利于颗粒与气泡间液膜的薄化并形成稳定三相接触周边；如果此过程中气泡不产生形变而是颗粒直接在气泡表面产生滑移，这将对浮选效果极为有利。Nguyen[129]考虑了颗粒惯性运动对其滑移时间的影响，实验表明当颗粒粒度小于 74μm 时可忽略惯性运动对颗粒滑移时间的影响。Nguyen 和 Evans[111]的研究结果表明，在水化膜破裂之前，疏水颗粒在气泡表面的滑移运动基本不受表面作用力的影响；同时，好像存在短程的流体作用力控制着颗粒的滑移行为。

近来，CSIRO（Commonwealth Scientific and Industrial Research Organisation）研究所研制的 CSIRO Milli-Timer 可以用来测试颗粒在气泡表面的滑移时间[130]。测试装置如图 1-5 所示。Verrelli 等人[131]实验发现，具有疏水表面的玻璃珠在气泡上滑移一段时间后会突然向气泡径向运动，由此可判断玻璃珠在气泡表面完成了黏附和矿化行为。Verrelli 等人[131]还发现随着颗粒在气泡表面的初始接触角的增加，颗粒在气泡表面的滑移时间也随之增加，这与很多研究结果相悖。同时，颗粒的形状对滑移的影响很大，研究发现带棱角的玻璃珠颗粒的滑移时间比圆形玻璃珠颗粒的滑移时间低一个数量级[132]。Hassas 等人[133]发现颗粒表面锋利的边缘可以触发水化膜破裂并有效地缩短附着时间。Brabcovά 等人[125]模拟了颗粒运动速度及在气泡表面的滑移轨迹，模拟结果表明，微流体动力学阻力控制着颗粒运动及滑移轨迹。

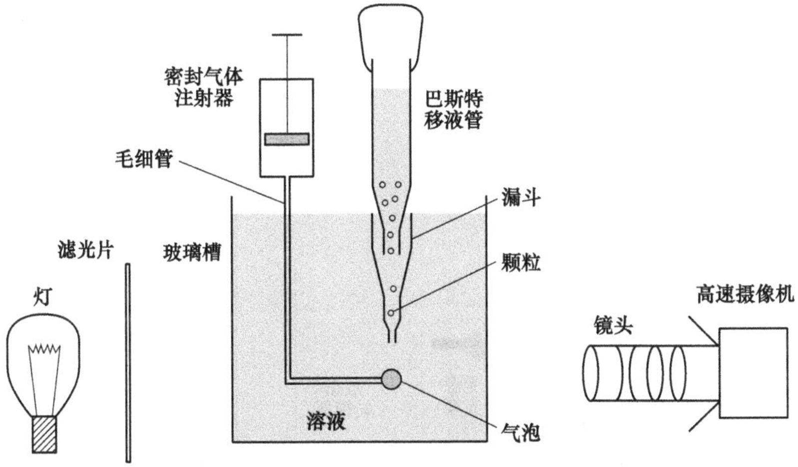

图 1-5 颗粒滑移时间测试装置[130]

1.2.8 气泡-固体平板间矿化过程研究

Krasowska 及 Krzan 等人[94,101]对气泡与固体平面间的矿化过程做了大量研究，其主要装置如图 1-6 所示。在水溶液中，气泡与固体表面碰撞时，其表面脉动频率达到 1000Hz，并且被固体表面多次反弹回来；添加表面活性剂之后，气泡碰撞时，其表面脉动频率明显降低，并且被反弹次数也明显减少；随着固体表面粗糙度的增加，气泡被反弹的次数也显著降低[103]。固体表面的粗糙度不仅影响其静态接触角，同时还影响气泡在其表面的动态铺展过程。Krasowska 等人[134]的研究表明，随着固体表面粗糙度从低于 1μm 增加到 80~100μm，气泡在固体表面的铺展时间由 80ms 降到了 3ms，同时气泡的铺展半径也显著减小。Krasowska 等人[94]研究发现：（1）随着气泡碰撞速度的增加及气泡形变的增大，水化膜的半径逐渐增大，从而使得气泡反弹的次数增加并且铺展时间延长；（2）气泡与疏水表面碰撞后，其动能转化为形变能的量要小于其与亲水表面碰撞后的转化量。

Niecikowska 等人[91]的研究表明，正十二烷基三甲基溴化铵（DDTABr）和十六烷基三甲基溴化铵（CTABr）在气泡表面形成的动态吸附层（DAL）延长了其对在云母表面铺展时间；同时，由于 DDTABr 和 CTABr 在气泡表面的吸附使得其带正电而云母表面此时带负电，故静电作用力使得气泡与云母之间的水化膜薄化并破裂。气泡在疏水的特氟龙（Teflon）表面上的黏附过程受到起泡剂 α-萜品醇和辛醇影响，在低浓度下液膜薄化及气泡铺展的时间被缩短，而在高浓度下发现了相反的现象[134]。Kowalczuk 等人[102]研究发现，当起泡剂 α-萜品醇和辛醇的浓度从 10^{-6}mol/L 增加到 10^{-3}mol/L 时，气泡在特氟龙表面上的铺展时间从 50ms 增

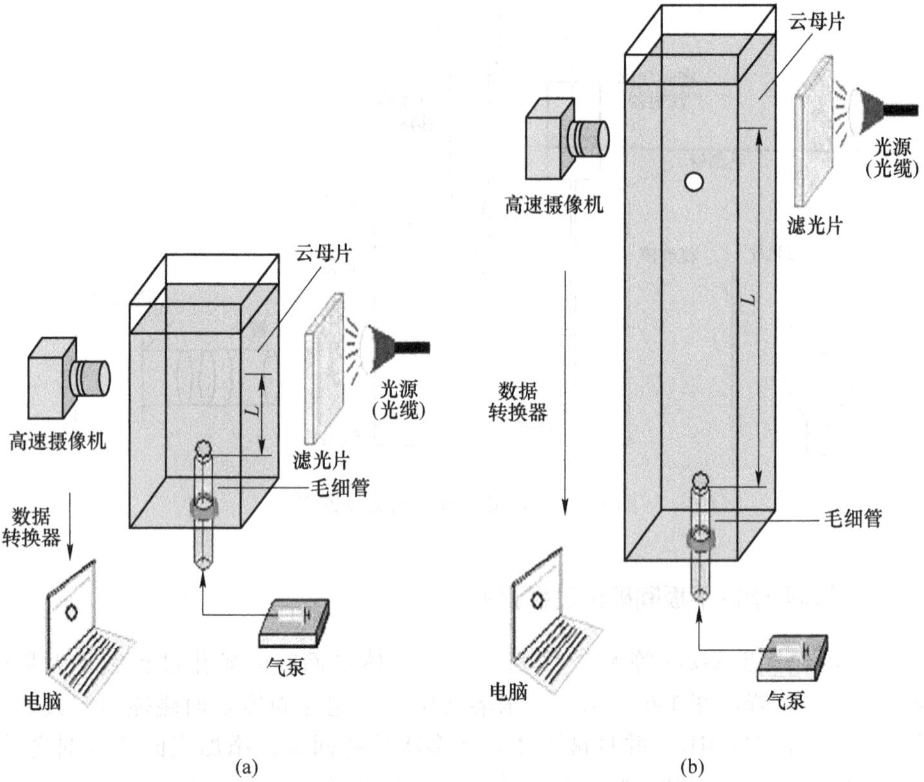

图 1-6　三相接触周边形成过程测试装置[101]

加到了 60ms；而气泡在去离子水中的铺展时间仅为 2ms。动态条件下形成的水化膜的稳定性和三相接触铺展过程的动力学参数主要受中等疏水度的固体表面电性和疏水性的影响；而在强疏水表面上，电性对二者的影响可以忽略，此时主要受固体表面的粗糙度影响[135]。Kowalczuk 等人[108]研究发现，气泡在云母表面铺展的动力学过程不仅受己胺溶液浓度的影响，还受 pH 值的影响；气泡与石英表面发生黏附作用的 pH 范围为 4～12。

固体表面水化膜的稳定性决定了气泡碰撞后附着的可能性，并且固体表面固有的亲水/疏水性也是影响气泡在其表面铺展的主要因素之一。由于固体亲水表面上的水化膜很稳定，故气泡碰撞后被反弹数次之后才能黏附甚至不发生黏附过程；而在疏水性的固体表面上水化膜不稳定，故气泡很容易在其表面铺展[136]。水化膜薄化到临界厚度的时间取决于水化膜的半径，而水化膜的半径主要受固体表面粗糙度的影响。固体表面粗糙度对气泡的铺展时间及三相接触周边的影响主要有如下几个方面：（1）在粗糙的表面上存在更大的突触，其表面水化膜更容易被刺破而快速地薄化到临界厚度；（2）较高粗糙度的表面意味着存在较大的空腔，空腔中被大量的气体充填，这也可以促进液膜薄化；同时，疏水表面显示出对空气较高的亲和力，并且大多数的胶体化学研究是在气体氛围中进行的（空气或者惰性气体）。当疏水表面浸入水相后并不能保证空气已经从疏水表面上除去。Krasowska 等人[134]研究了在正己醇和正辛醇溶液中气泡在超疏水表面（SH）上的铺展过程，实验证明了在 SH 表面上确实存在大量气体。目前认为以纳米气泡形式存在于疏水表面的空气是长程（高达数百纳米）疏水力（LRHF）的起源，即在这些长程疏水力相互作用过程中，吸附在疏水表面的纳米气泡起到了桥接作用。这些纳米气泡之所以具有高稳定性，主要归因于它们的扁平形状，并且其纳米尺度的接触角比宏观尺寸的接触角大得多。

1.2.9 气泡-颗粒间水化膜薄化理论研究

1.2.9.1 Stefan-Reynolds 模型

Stefan-Reynolds 方程描述了两个静止平表面间的水化膜薄化过程，具体表达如下[137]：

$$\frac{\mathrm{d}h}{\mathrm{d}t}=-\frac{2h^3}{3\mu R^2}(P_\sigma-\Pi) \tag{1-1}$$

式中，h 为水化膜厚度；μ 为溶液黏度；P_σ为毛细管压力；Π 为分离压；R 为水化膜半径。

式（1-1）中的 P_σ按如下公式计算：

$$P_\sigma=\frac{2\sigma}{R_\mathrm{p}} \tag{1-2}$$

式中，σ 为溶液表面张力；R_p为颗粒半径。

式（1-1）中的 R 按如下公式计算[127]：

$$R=\frac{\pi R_\mathrm{p}(656.9-87.4\ln R_\mathrm{p})(V_\mathrm{rel}t_\mathrm{c})^{0.62}}{180} \tag{1-3}$$

式中，V_rel为颗粒与气泡碰撞速度；t_c为黏附时间。

但在实际应用过程中，由于气泡尺寸大于颗粒尺寸，故用颗粒尺寸（R_p）代替 R。

当 Stefan-Reynolds 方程中的表面处于运动状态时，水化膜薄化过程方程式（1-1）修正为：

$$\frac{\mathrm{d}h}{\mathrm{d}t}=-\frac{8h^3}{3\mu R^2}(P_\sigma-\Pi) \tag{1-4}$$

由式（1-1）和式（1-4）比较可以看出，运动表面间的水化膜薄化速率要远快于静止表面；同时可以得知，水化膜的薄化速率与水化膜半径的平方成反比，即水化膜半径越大，薄化速率越慢。当固体表面变得粗糙时，水化膜只需薄化到固体面最高凸起处的水化膜厚度[138]，因此，气泡在粗糙表面上的薄化速率要高于平滑表面[94]。

分离压对液膜薄化过程的拟合非常重要。对于分离压的计算主要基于颗粒与气泡间的分子作用力[139]。式（1-1）和式（1-4）中的为分离压（Π）由三部分构成，其具体表达如下：

$$\Pi = \Pi_{vdw} + \Pi_{edl} + \Pi_{hyd} \tag{1-5}$$

式中，Π_{vdw}、Π_{edl}、Π_{hyd}分别为范德华力分压、静电作用力分压及疏水力分压。

Π_{vdw}、Π_{edl}和Π_{hyd}具体表达式如下：

$$\Pi_{vdw} = -\frac{A_{132}}{6\pi h^3} \tag{1-6}$$

$$\Pi_{edl} = \frac{\varepsilon\varepsilon_0\kappa^2}{2}\frac{2\psi_1\psi_2\cosh(\kappa h) + \psi_1^2 + \psi_2^2}{\sinh^2(kh)} \tag{1-7}$$

$$\Pi_{hyd} = -\frac{K_{123}}{6\pi h^3} \tag{1-8}$$

式中，A_{132}为颗粒与气泡间的汉莫克常数；κ 为德拜长度倒数；ψ 为颗粒或气泡表面的 Zeta 电位；K_{123}为疏水力常数；h 为气泡与颗粒之间距离。

式（1-6）中 A_{132}颗粒与气泡间的汉莫克常数计算如下：

$$A_{132} = (\sqrt{A_{11}} - \sqrt{A_{33}})(\sqrt{A_{22}} - \sqrt{A_{33}}) \tag{1-9}$$

除了范德华力分离压 Π_{vdw}和静电作用力 Π_{edl}外，疏水力分离压 Π_{hyd}对液膜的薄化影响很大[109]。通过表面力测试仪[140]和原子力显微镜[141, 142]可以确定疏水力的存在。气泡与颗粒间的疏水力不同于经典 DLVO 作用力。虽然有很多理论对疏水力进行了解释，但是疏水力来源并没有定论[143, 144]。通常采用经典模型来描述疏水力分离压 Π_{hyd}，主要表达式有单指数和双指数方程：

$$\Pi_{hyd} = K\exp\left(-\frac{h}{\lambda}\right) \tag{1-10}$$

$$\Pi_{hyd} = K\exp\left(-\frac{h}{\lambda}\right) + K^*\exp\left(-\frac{h}{\lambda^*}\right) \tag{1-11}$$

式中，K、K^* 为压力常数；λ、λ^* 为德拜长度。

Tsekov 和 Schulze[145]考虑到表面活性剂在颗粒表面吸附对疏水常数的影响，提出了表征疏水力的另一模型：

$$\Pi_{hyd} = \frac{\Delta E_1}{D}\exp\left(-\frac{h}{D}\right) + \frac{\Delta E_2}{D}\exp\left(-\frac{h}{D}\right) \tag{1-12}$$

式中，ΔE_1、ΔE_2 为液-固界面与气-固界面的吉布斯弹性差；D 为吸附梯度。

润湿是指液体从固体表面取代空气并铺展在固体表面上的一种界面现象。当固体和润湿液体接触时，如果固体表面上的分子与液体分子间的作用力大于液体分子间的作用力，则固体表面可以被液体润湿；反之，则不能被润湿。对于相同的固体表面，不同液体对其的润湿性不同；而对于不同的固体表面，同一液体的润湿性也不同。气泡在固体表面上的铺展现象可以看作反润湿现象。从式（1-5）可以得出当疏水作用力克服了静电和范德华斥力，气泡才可以在固体表面产生反润湿作用。因此，颗粒表面疏水力对固体表面水化膜的稳定性影响很大。固体表面的亲疏水性可以用接触角来表征。热力学接触角与矿化过程中分离压的关系如下[146]：

$$\cos\theta = 1 + \frac{1}{\gamma_{LG}}\int_{h_e}^{\infty}\Pi \mathrm{d}h = 1 + \frac{1}{\gamma_{LG}}\left[-\frac{A_{132}}{12\pi h_e^2} + \varepsilon\varepsilon_0 \frac{2\psi_1\psi_2\exp(\kappa h_e) - \psi_1^2 - \psi_2^2}{\exp(2\kappa h_e) - 1} + K\exp\left(-\frac{h_e}{\lambda}\right) + K^*\exp\left(-\frac{h_e}{\lambda^*}\right)\right] \tag{1-13}$$

式中，h_e为平衡水化膜厚度；γ_{LG}为气-液界面张力。

式（1-13）为著名的 Frumkin-Derjaguin 等温方程，疏水力会增加热力学接触角[146]。

1.2.9.2 Taylor 方程

在无边界滑移的条件下，球形颗粒靠近固体表面时，水化膜的薄化过程可用 Tayor 方程进行表达（$h \ll R$）：

$$F_h = \frac{6\pi\mu R^2}{h}\frac{\mathrm{d}h}{\mathrm{d}t} \tag{1-14}$$

式中，F_h为流体动力拖曳力；R 为颗粒半径。

式（1-14）没有考虑与距离无关的流体动力拖曳项。研究表明，式（1-14）中的颗粒可以置换为微泡[147, 148]。当气泡的表面是运动的，式（1-14）修正为：

$$F_h = \frac{3\pi\mu R^2}{2h}\frac{\mathrm{d}h}{\mathrm{d}t} \tag{1-15}$$

考虑到静电作用力和范德华力对水化膜薄化的影响，在气-水界面处有切向无滑移边界条件方程式（1-14）变为：

$$-\frac{\mathrm{d}h}{\mathrm{d}t} = \frac{h}{3\mu R}\left(-\varepsilon\varepsilon_0\frac{2\psi_1\psi_2 \mathrm{e}^{-\kappa h} - \psi_1^2 - \psi_2^2}{\mathrm{e}^{-\kappa h} - 1} + \frac{A_{132}}{12\pi h^2}\right) + \frac{2R\rho g h}{9\mu} \tag{1-16}$$

当处于完全滑移状态下，式（1-16）修正为：

$$-\frac{\mathrm{d}h}{\mathrm{d}t} = \frac{4h}{3\mu R}\left(-\varepsilon\varepsilon_0\frac{2\psi_1\psi_2 \mathrm{e}^{-\kappa h} - \psi_1^2 - \psi_2^2}{\mathrm{e}^{-\kappa h} - 1} + \frac{A_{132}}{12\pi h^2}\right) + \frac{8R\rho g h}{9\mu} \tag{1-17}$$

将从式（1-16）或式（1-17）获得的 $\frac{\mathrm{d}h}{\mathrm{d}t}$ 代入式（1-15）即可获得气泡与固体表面间的作用力。

当气泡半径介于 100μm 与 1000μm 之间时，由于气泡与固体表面碰撞后产生变形（图 1-7），故使得水化膜的薄化过程将变得很复杂。

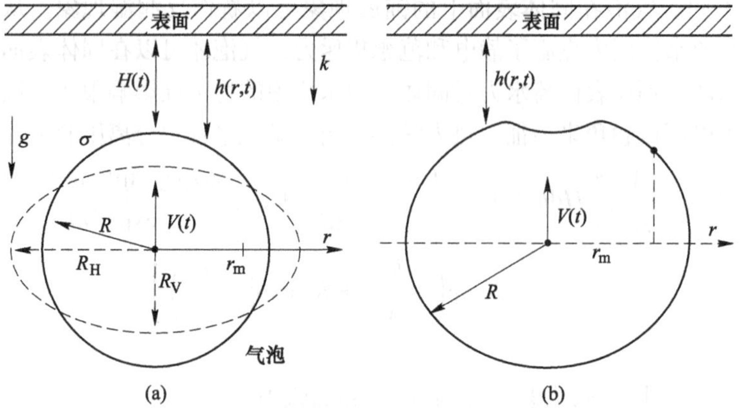

图 1-7　气泡运动及碰撞过程中产生的形变[149]

（a）上升过程产生的形变；（b）碰撞后产生的形变

1.2.9.3　Stokes-Reynolds-Young-Laplace 及 Stokes-Reynolds 模型

对于 Stefan-Reynolds 和 Taylor 模型，需要通过干涉测试技术来确定液膜的形状，并通过实验测试及拟合液膜薄化动力学方程来获得分离压，而 Stokes-Reynolds-Young-Laplace 模型可以获得润滑及杨氏-拉普拉斯方程的解析解并且在给定的初始和边界条件下可以模拟液膜薄化过程；并且可以通过迭代的方法来确定液膜薄化过程中各个力参数，直到模拟的液膜轮廓与通过实验获得的液膜轮廓一致。Ivanov 等人[150]通过推导获得了 Stokes-Reynolds-Young-Laplace 模型的控制方程。Chan 等人[151~153]对 Stokes-Reynolds-Young-Laplace 模型及解法进行了深入探讨。通过最小化气泡-颗粒体系的亥姆霍兹表面能，可以推导出杨氏-拉普拉斯方程的增广方程，因此，流体动力学压力 p 可以表达如下[152, 154]：

$$p = \frac{2\gamma}{R} - \Pi - \frac{\gamma}{r}\frac{\partial}{\partial r}\left(r\frac{\partial h}{\partial r}\right) \tag{1-18}$$

式中，R 为气泡半径；r 为从液膜中心出发的径向距离；h 为液膜厚度。

式（1-18）中第一项是拉普拉斯曲面张力，第二项为分离压，第三项是与曲率变化相关的拉普拉斯曲面张力。通过上述方程，可以理解液膜变薄过程中气泡表面凹坑、折叠及波纹的形成。液膜的分离和流体压力的变化决定了液膜在时空中的演变。例如，当在中央作用区的拉普拉斯压力低于斥力分离压和流体压力的总和时，曲率将逆向并形成带有凹坑的气泡表面。上述气泡变化过程是针对高速运动的气泡碰撞到亲水表面的情况。

在无边界无滑移的条件下，Stokes-Reynolds 液膜薄化过程的方程表达如下：

$$\frac{\partial h}{\partial t}=\frac{1}{12\mu r}\frac{\partial}{\partial r}\left(rh^{3}\frac{\partial p}{\partial r}\right) \tag{1-19}$$

对于气泡表面处于运动的条件下，式（1-19）可以修正为包含非零界面切向速度项的表达式：

$$\frac{\partial h}{\partial t}=\frac{1}{12\mu r}\frac{\partial}{\partial r}\left(rh^{3}\frac{\partial p}{\partial r}\right)-\frac{1}{r}\frac{\partial}{\partial r}(r,h,U(r,t)) \tag{1-20}$$

$$U(r,t)=-\frac{1}{2\mu}\int_{0}^{\infty}\phi(r,r')h(r',t)\frac{\partial p(r',t)}{\partial r'}\mathrm{d}r' \tag{1-21}$$

$$\phi(r,r')=\frac{r'}{2\pi}\int_{0}^{\pi}\frac{\cos\theta}{\sqrt{r^{2}+r'^{2}-2rr'\cos\theta}}\mathrm{d}\theta \tag{1-22}$$

式（1-20）中 $U(r,t)$ 为界面速度。式（1-21）中的 ϕ 项为中间变量，其具体表达式为式（1-22）。基于 Derjaguin 的近似描述，气泡和颗粒之间的总分离压 $F(t)$ 可以通过积分流体动力学压力和分离压力来获得[152]：

$$F(t)=2\pi\int_{0}^{\infty}(P+\Pi(h(r,t)))r\mathrm{d}r \tag{1-23}$$

通过联合求解式（1-18）、式（1-19）和式（1-22）并与原子力显微镜（AFM）的实验结果进行比较，验证理论与实际数据间的拟合程度。因此，通过 Stokes-Reynolds-Young-Laplace 模型可以定量预测气泡和固体平面之间水化膜薄化的时空演化过程[152, 155]。

1.2.10 颗粒-油泡浮选理论研究

近年来，研究人员采用油泡作为浮选载体对矿物颗粒进行了分选。为了对加拿大细粒难选油砂矿进行有效的分选，Liu 及 Xu 等人[68,156,157]提出了采用活性油泡（气泡表面被具有捕收剂性质的油类薄层所覆盖，如图 1-8 所示）作为浮选载体的分选方法。油膜表面不仅可以黏附并团聚颗粒，而且还可以向油相中添加一些可溶于水的表面活性剂，控制油泡外表面的性质，以达到期望的浮选选择性。油泡在闪锌矿、SiO_2 和方铅矿的浮选效果方面表现出比常规气泡具有更强的捕收性能。因此，Zhou 等人[124, 158]采用向煤油中添加脂肪酸制造的活性油泡对磷灰石和氟碳铈矿进行分选，浮选实验结果表明，活性油泡较气泡与未调浆矿物的黏附时间更短。Zhou 等人[124]还通过扩展 DLVO 理论证实了油泡表面的疏水力要远高于普通气泡表面的疏水力，因此，活性油泡较气泡表现出更强的捕集能力及浮选选择性。

Wallwork 等人[159]提出了采用一种闪蒸的方法进行油泡制造，并以油泡作为浮选载体对氧化油砂矿进行分选，与不添加煤油的浮选效果相比，当浮选时间达到 80min 时，油泡浮选回收率提高了约 80%，总回收率接近 100%。Peng 等

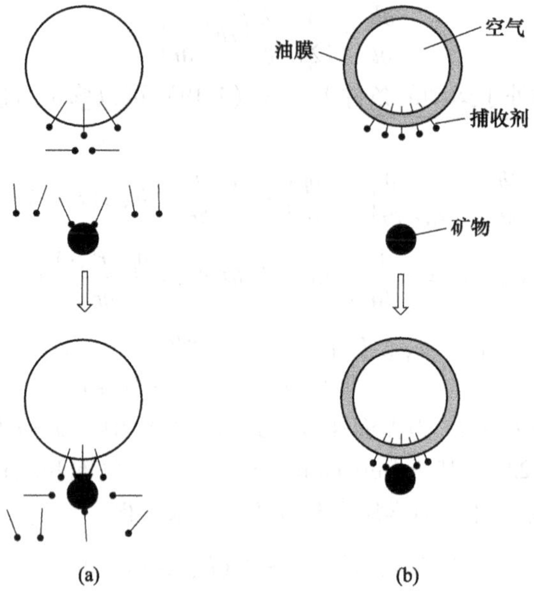

图 1-8　常规气泡与活性油泡的对比
（a）常规气泡；（b）活性油泡

人[160]也提出了通过闪蒸的方法制造油泡并对富含小于 1.7mm 粗粒和小于 600μm 细粒精煤的原煤进行快速浮选，分析了煤泥粒度对油泡浮选速率及回收率的影响。于伟及李甜甜等人[161,162]通过自主设计的油泡制造及浮选装置分别对伊泰和神东地区的低阶煤进行了浮选试验并获得了较好的浮选效果。Xia 等人[163]通过连接油泡闪蒸装置和浮选机对氧化煤进行了油泡浮选试验，与常规浮选效果相比，油泡作为浮选载体可以明显提高氧化煤的浮选回收率及完善指标。

Tarkan 等人[164, 165]通过在毛细管顶端覆盖油类并鼓气的方法制造了油泡并测定了油膜厚度（约为 3μm）。油泡制造及测试装置如图 1-9 所示。其实验结果表明，烷烃类产生的油泡稳定性要高于苯环类油泡的稳定性（稳定时间小于 90s）；在室温条件下，实验采用的有机物油滴均可以与沥青表面产生黏附行为，而普通气泡不能；最佳油泡制造的药剂种类为十六烷与庚烷，其配比为 25∶75。

李振等人[166]对油泡浮选技术在油砂及煤泥分选中的应用进行了探讨。与传统的气泡浮选相比，活性油泡作为浮选载体的分选方法具有如下优点[157]：（1）避免了直接在水相中添加捕收剂，最大限度地降低了捕收剂对矸石矿物的活化作用；（2）降低了油类捕收剂分子在水相中分散效果差以及在无用颗粒上吸附而消耗的药剂用量；（3）避免了捕收剂、起泡剂及其他可能存在于矿浆中的化学药剂之间不必要的协同作用；（4）油泡在油/水界面具有较高的局部捕收剂分子

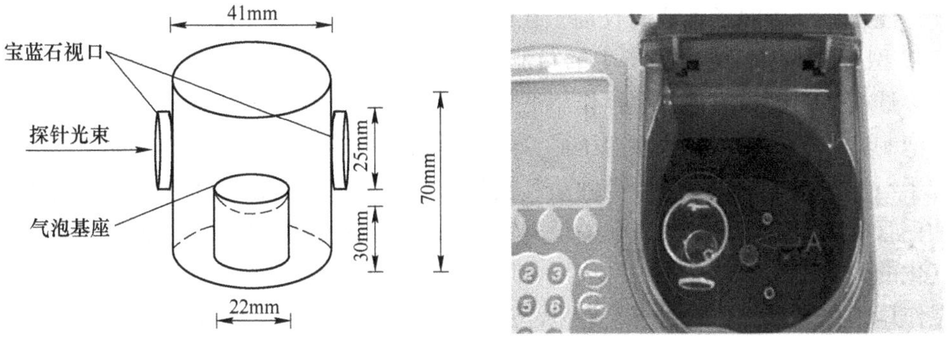

(a) (b)

图 1-9 油泡制造示意图(a)及油膜厚度测试装置(b)

浓度，显著提高了其捕集能力；(5) 油泡通过油/水界面上捕收剂分子与目标矿物上的活性位点间化学和/或电化学作用，使活性油泡仅捕获目标矿物颗粒，故提高了其浮选选择性；(6) 由于油泡在目标矿物颗粒上附着的高潜能，使得活性油泡对粗细颗粒均具有较强的捕集能力。

1.2.11 油泡制造装置研究进展

1.2.11.1 高温气化制造法

A Peng 和 Li 的装置

在 1991 年的国际采矿、冶金与勘探协会（Society of Mining, Metallurgy and Exploration, SME）会上，Peng 和 Li[160]提出了一种新颖的捕收剂分散技术，即在气泡表面覆盖一层油膜的方法来进行浮选，其实验浮选系统如图 1-10 所示。

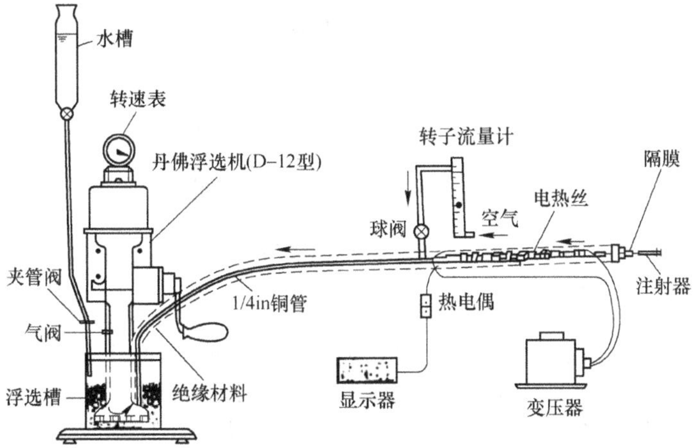

图 1-10 煤泥-油泡浮选装置

注入该装置的烃类油捕收剂，在电热丝的直接加热条件下气化，与此同时，D-12 型丹佛浮选机的转子产生的负压将受热气化的烃类油和空气的混合气体吸入浮选槽中，在浮选机的搅拌作用下气泡表面被油膜覆盖形成油泡。此系统中的油泡制造控制装置主要包括变压器、热电偶和显示器。为了使烃类油捕收剂一直处于恒温加热的状态，在烃类油蒸气被吸入浮选槽之前，需通过绝缘材料包裹输油铜管的方法，防止已经气化的烃类油捕收剂在输油铜管中发生冷凝。在铜管中气化的烃类油蒸气与吸入的空气混合后，由于常温的空气会对烃类油蒸气产生降温作用；并且在浮选过程中，如果浮选槽自吸管发生堵塞，则在高温钢管中连续产生的烃类油蒸气和空气的混合气体会持续积聚，因此，此高温油泡制造装置存在一定的安全隐患。

B Wallwork 等人的装置

加拿大 Alberta 大学油砂分选课题组的 Wallwork 等人[159]提出了另一种如图 1-11（a）所示的新型油泡制造装置。在吸入的空气流推动下，煤油蒸气进入浮选

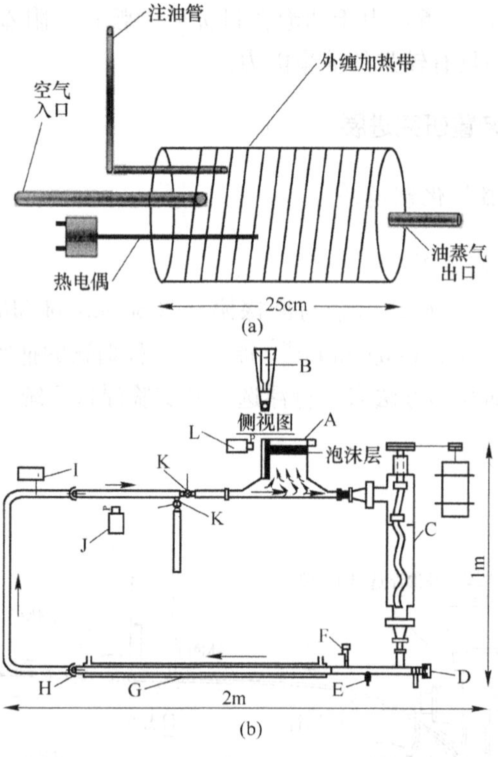

图 1-11 油泡制造装置及浮选管道回路示意图[159]

（a）油泡制造装置；（b）油泡浮选回路

A—浮选槽；B—目测狭缝；C—螺杆泵；D—放泄阀；E—气体引入口；F—泄压阀；G—套管换热器；H—球窝接头；I—热电偶；J—矿浆显形相机；K—球阀；L—泡沫显形相机

回路系统（图 1-11（b））并对油砂矿进行浮选。可以看出此油泡制造系统与图 1-10 所示系统相似，其中主要的差异在于 Peng 和 Li[160] 的油泡制造装置是采用负压的方式把空气吸入，并且在烃类油加热后才吸入常温空气；而 Wallwork 等人[159]为了避免了吸入的常温空气对高温烃类油蒸气的降温作用，采用了空气流的推动作用将烃类油（煤油）蒸气送至浮选回路中，此过程中，吸入的空气被一起加热至烃类油蒸发的温度。在图 1-11（b）中，Wallwork 等人[159]设计了套管换热器以对浮选矿浆以及浮选回路的烃类油和空气混合体进行保温加热，从而使得热烃类油与热浮选矿浆实现矿化。

此油泡制造装置虽解决了吸入的常温空气在进入浮选机前对热烃类油蒸气的降温作用，但浮选回路存在发生堵塞的情况，存在一定的安全隐患；并且浮选回路中矿浆的紊流强度较低，从而使得难选矿物的分选效率较低。

C 王永田等人的装置

中国矿业大学王永田教授等人[161, 162]提出并设计了一种利用烃类油闪蒸来进行油泡浮选的装置（图 1-12），主要用于神东、伊泰等矿区低阶煤的浮选。

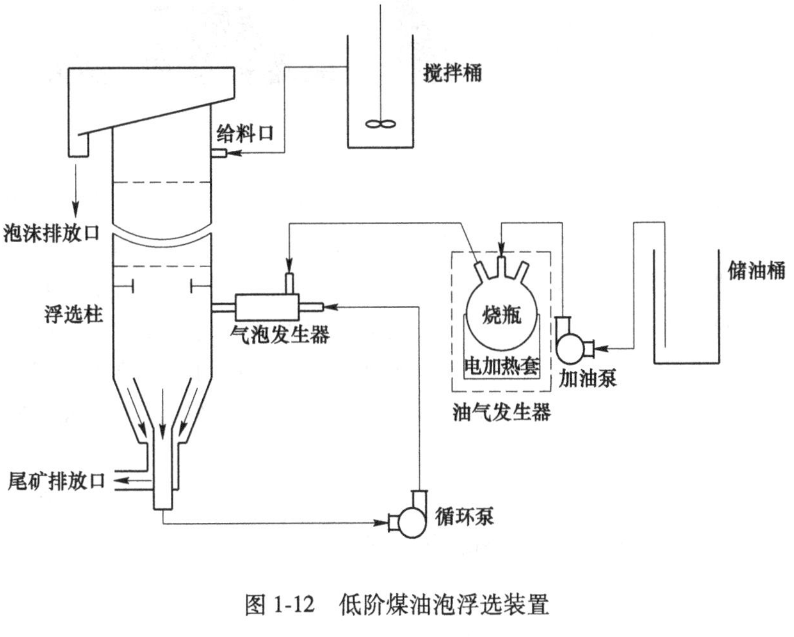

图 1-12 低阶煤油泡浮选装置

该装置与前述管式加热装置的油泡制造方法类似，通过注油泵将烃类油加入油气发生器（三口烧瓶）中，在电加热套的加热作用下将温度控制在 200~250℃ 范围内，滴入烧瓶中的烃类油迅速发生气化，然后通过浮选柱气泡发生器产生的负压一同将烃类油蒸气和常温空气经三口烧瓶吸入浮选柱并在浮选矿浆中形成油泡。如果气泡发生器发生堵塞，浮选柱中的矿浆回流至三口烧瓶，容易使三口烧瓶突然冷却而炸裂，因此，此装置同样存在一定的安全隐患。

D　Xia 等人的装置

中国矿业大学 Xia 等人[163]设计了一套用于氧化无烟煤浮选的简易油泡制造装置，如图 1-13 所示。

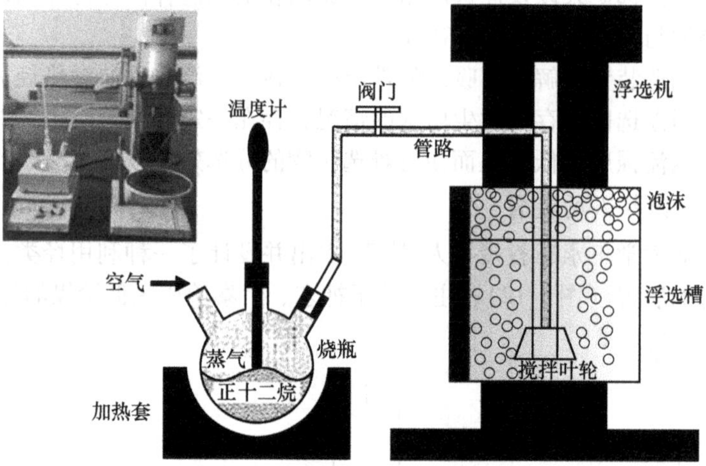

图 1-13　氧化煤油泡浮选装置

此装置采用电加热套将三口烧瓶中的烃类油捕收剂（正十二烷）加热至其沸点（215℃），并使用温度计控制其加热温度。三口烧瓶一口敞开，一口放入温度计，另一端口通过软管与浮选机吸气口相连。浮选过程中，由于叶轮转子的高速旋转产生的负压将三口烧瓶中气化的烃类油捕收剂连同部分空气一同吸入浮选槽中。由于烃类油蒸气遇到矿浆后迅速冷凝，并在叶轮的高速搅拌作用下形成大量微泡和油滴，故上述过程中，包裹在微泡中的液化油滴通过分子或液滴运动移动到气泡表面，从而形成油泡。

此油泡制造装置中，在沸腾的正十二烷蒸气中引入空气，必然存在一定的安全隐患，需要严格按照试验操作规范进行试验。

E　屈进州的装置

中国矿业大学屈进州针对现有高温气化油泡制造和油滴分散装置存在的问题，设计了适用于表面含氧官能团多、可浮性差的低阶煤油泡浮选系统[167]。本着药剂消耗低（低耗）、连续分选（连续）、安全可靠（安全）、操作方面（方便）的原则，屈进州设计的低阶煤油泡浮选实验系统如图 1-14 所示，并将此系统和浮选方法申请了国家发明专利（申请号：ZL201410203510.9）。

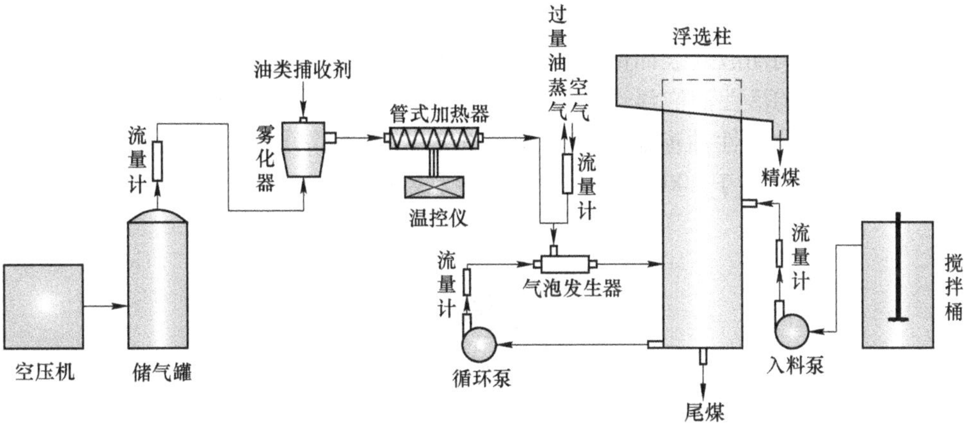

图 1-14 低阶煤油泡浮选试验系统示意图

此油泡浮选系统的运行步骤如下：干燥空气被空压机吸入并压缩储存于储气罐中；储气罐出口处的气体流量通过气体流量计来控制；储气罐出口气流以稳定的射流形式进入雾化器；雾化器将烃类油捕收剂（溶解了一定量的表面活性剂）和注入的空气流一同雾化成油雾；油雾的粒径分布为 1~10μm；在温控仪的控制下，管式蒸发器内腔中的油雾气流被加热至烃类油沸点温度；气泡发生器产生的负压将加热后的烃类油蒸气与空气吸入浮选柱；浮选柱的充气量由气泡发生器进气口处的流量计进行调节；低阶煤煤样在搅拌桶中预润湿均匀后，通过入料泵（蠕动泵）打入浮选柱中，浮选柱的入料流量通过液体流量计进行控制；在柱体内，低阶煤颗粒由于重力作用自入料口下降，并与上升的油泡逆流碰撞、黏附及矿化；矿化后的低阶煤颗粒牢固地黏附在油泡表面上并随油泡上浮至泡沫槽内，成为精煤产品；未实现矿化的煤粒和高灰细泥则下沉，经浮选柱底部排料口排出成为尾煤产品；浮选柱内的中矿被循环泵抽出，经液体流量计以射流的形式进入气泡发生器；中矿进入气泡发生器后与烃类油蒸气及空气充分混合以实现循环中矿的矿化。在此油泡浮选系统中，仍需要将烃类油（捕收剂）加热到很高温度以实现捕收剂的气化，因此存在一定的安全隐患。同时，过剩的烃类油蒸气直接排入大气，不仅污染环境，也造成了捕收剂的浪费。

综上所述，前述的油泡制造装置存在油蒸气被空气冷却、管路堵塞造成回流的安全隐患、不能实现连续分选、环境污染及捕收剂浪费等问题。

1.2.11.2 常温零调浆油泡制造法

A Liu 和 Xu 等人的装置

加拿大 Alberta 大学油砂研究课题组的 Liu 等人[68, 156]提出了采用活性油泡（气泡表面被油类捕收剂薄层所覆盖）作为浮选载体对油砂进行分选的方法。油膜表面不仅可以黏附并团聚颗粒，而且还可以向油相中添加一些可溶于水的表面活性剂来控制油泡外表面的性质，以达到期望的浮选选择性。Liu 等人[68, 156]为了实现油砂的活性油泡浮选，设计了如图 1-15 所示的微浮选槽。在 2003 年，Xu 等人[157]将此活性油泡制造装置及分选工艺申请了美国发明专利（专利号：US6959815B2），并于 2005 年获得了发明专利授权书。

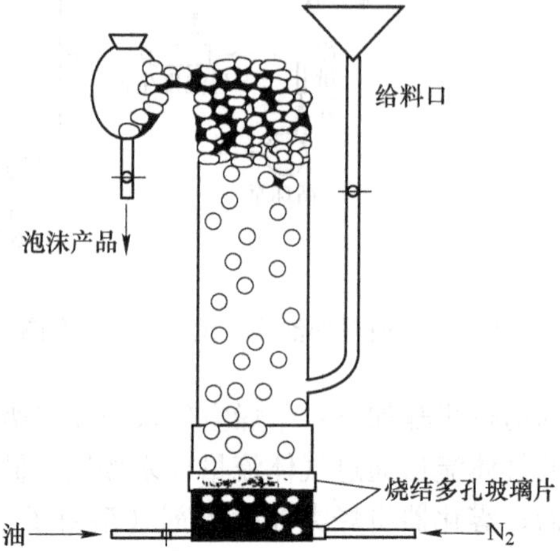

图 1-15　改进的活性油泡微浮选装置

捕收剂（煤油）从柱体的一侧注入并储存在微浮选槽的底部，压缩氮气经柱体另一侧鼓入并穿过捕收剂形成的油层。表面被油覆盖的气泡穿过烧结玻璃片（多孔）进入矿浆中，进而形成油泡。油泡的尺寸一方面由烧结玻璃片内部孔径控制；另一方面，通过调节位于烧结玻璃片上部的磁力搅拌器转子的搅拌强度，进而调节气泡在矿浆中的弥散程度。

此装置制造的活性油泡为理想状态的油泡，无需加热汽化烃类油，但浮选过程的操作和控制较为复杂，且没有尾矿排出口，不能实现连续分选。浮选过程中产生的尾矿会不断堆积在浮选槽体底部，容易堵塞烧结玻璃片，进而影响油泡的产生；同时，浮选过程中的药剂消耗量无法精确控制，捕收剂用量的过多或过少都会影响到油砂的分选效果。

B　Patil 和 Laskowski 等人的装置

Patil 和 Laskowski 等人[168]的零调浆浮选装置如图 1-16 所示。浮选过程中捕收剂、空气及水在浮选柱底部的雾化器中进行混合，捕收剂并不与矿浆混合接触；混合后的捕收剂、空气及水经雾化器的另一端排出，进而形成浮选所需的气泡。从油泡的严格定义来讲，此方法制造的气泡不能称为油泡。在零调浆过程中捕收剂在气泡表面上的吸附浓度要远大于传统气泡表面上捕收剂的吸附浓度（图 1-17）。

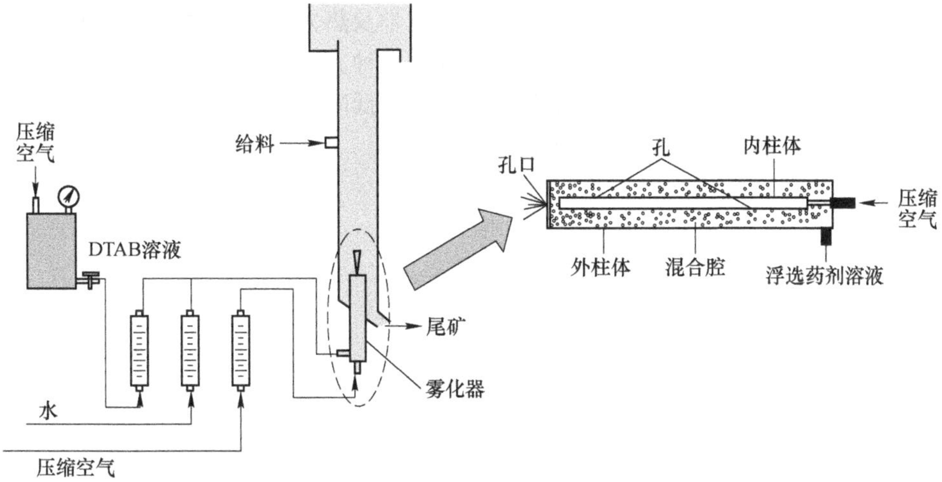

图 1-16 零调浆浮选装置

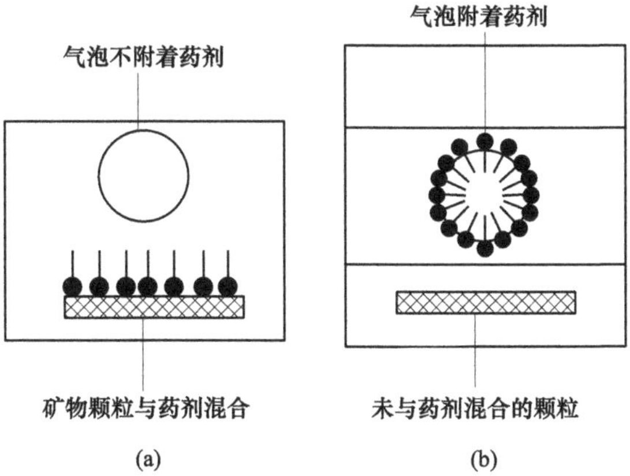

图 1-17 捕收剂添加方式
（a）传统方法；（b）零调浆方法

近年来，尽管科研工作者在低阶煤浮选方面进行了大量的研究和探索，并取得了一定的研究成果，但在低阶煤浮选矿化的基础理论研究上还存在许多问题和不足。目前，主要面临两个关键问题：一是低阶煤具有很强的亲水表面，可浮性差，传统浮选方法的矿化效果差，浮选泡沫层容易产生细粒矸石的机械夹带现象；二是低阶煤表面孔隙发达，浮选过程中捕收剂消耗高（高达 50kg/t 以上），因此，低阶煤浮选技术的推广及应用受到了严重的阻碍。为此本书以实现低阶煤的高效浮选为目标，以低阶煤的表面特性和润湿热力学行为为基础，以低阶煤浮选的物性特征—油泡表面性质—单个油泡制造—油泡矿化过程—油泡特性为研究主线，综合运用矿物加工学、煤化学、界面化学及热力学等多学科基础理论，采用理论分析、现代仪器测试分析、试验研究等多种方法与测试手段，开展低阶煤表面特性与热力学行为、油泡表面性能、油泡在低阶煤表面的矿化及铺展过程的研究，探寻低阶煤油泡浮选矿化理论。

2 神东低阶煤表面性质及亲疏水性研究

2.1 低阶煤采集及基本性质分析

2.1.1 低阶煤实验样品来源

神华神东煤炭集团下属的神府—东胜矿区（简称神东矿区）地处于晋-陕-蒙三省交界。神东矿区是中国第一个产量达到亿吨级的大型煤炭生产矿区，主要开采的低阶煤煤种牌号为长焰煤（CY41）和不黏煤（BN31）。该矿区的大柳塔矿位于矿区中心以南，其行政隶属于陕西省榆林市神木县大柳塔镇，地处乌兰木伦河畔，大井主采神府井田 1-2、2-2、5-2 煤层，活（活鸡兔）井主采神府井田 1-2 上、1-2、2-2、5-1 煤层，煤质具有低灰、低硫、低磷和中高发热量的特点，属高挥发分的长焰煤和不黏结煤，是优质动力煤、化工和冶金用煤。

大柳塔选煤厂设计生产能力为 17Mt/a，其洗选工艺为 50～13mm 块煤跳汰选，小于 13mm 末煤不洗。跳汰机的一段出矸石，二段出中煤。跳汰机所出的块精煤采用双层直线振动筛进行脱水，脱水筛的上层筛孔为 13mm，下层筛孔为 0.5mm。双层直线振动筛的上层产物为 50～13mm 粒度级的块煤，其将直接作为块精煤产品。采用固定筛对原煤中大于 50mm 的块煤进行预筛分，并使用双齿辊破碎机破碎块煤，破碎后与 50～13mm 粒度级的块精煤混合。13～0.5mm 粒度级的精煤采用离心机脱水进行脱水处理，脱水后与块精煤混合，双层直线振动筛的筛下煤泥水进入斜板圆锥沉淀池，截流粒度为 0.3mm，斜板圆锥沉淀池的底流采用煤泥离心机脱水回收，斜板圆锥沉淀池的溢流使用高效浓缩机浓缩进行浓缩。高效浓缩机的浓缩底流使用加压过滤机和板框压滤机进行脱水回收。

本书选取该厂的小于 13mm 末煤作为研究对象，按照《煤炭筛分试验方法》（GB/T 477—2008）及《煤样的制备方法》（GB 474—2008）对所采煤样进行筛分，以获得小于 0.500mm 粒级煤样作为后续试验煤样。对小于 0.500mm 粒级煤样进行干燥并密封保存，以备试验样品的分析检测和后续浮选试验使用。

2.1.2 神东低阶煤煤样的基础分析

2.1.2.1 低阶煤煤样工业分析和元素分析

参照《煤的工业分析方法》（GB/T 212—2008）规范，本书采用 YX-WK 型多功能水分仪测试低阶煤煤样的水分；使用 GTM500 型灰分挥发分测量仪对低阶煤煤样进行工业分析；并采用 Elementar Vario Macro Cube 型自动元素分析仪对试验煤样的 C、H、N、S 和 O 元素分别进行测试和分析。测试分析的结果见表 2-1。由表 2-1 可以看出，本书实验所用的低阶煤煤样具有较高的煤泥灰分，煤泥的干燥无灰基氧（O_{daf}）含量（24.55%）较大，这表明低阶煤煤样的煤基质中具有丰富的含氧官能团。

表 2-1　煤样的工业分析和元素分析

工业分析/%				元素分析/%				
M_{ad}	A_{ad}	V_{daf}	FC_{daf}	C_{daf}	H_{daf}	N_{daf}	$S_{t,daf}$	O_{daf}
3.73	34.77	36.37	63.63	68.38	3.90	1.14	2.03	24.55

2.1.2.2　低阶煤煤样的粒度组成

参照《煤炭筛分试验方法》（GB/T 477—2008）对煤泥样进行小筛分，筛孔尺寸分别为 0.5mm、0.25mm、0.125mm、0.074mm 和 0.045mm。对低阶煤煤泥缩分后的样品进行小筛分实验，小筛分的结果见表 2-2。

表 2-2　低阶煤煤样的粒度组成

粒度级/mm	产率/%	灰分/%	筛上累积		筛下累积	
			产率/%	灰分/%	产率/%	灰分/%
>0.500	1.64	23.21	1.64	23.21	100.00	35.01
0.500~0.250	29.14	34.39	30.78	33.79	98.36	35.20
0.250~0.125	16.05	29.62	46.83	32.36	69.22	35.54
0.125~0.074	18.96	29.80	65.79	31.62	53.17	37.33
0.074~0.045	26.69	40.61	92.48	34.22	34.21	41.51
<0.045	7.52	44.70	100.00	35.01	7.52	44.70
合计	100.00	35.01	—	—	—	—

根据煤泥小筛分试验结果分析可知，低阶煤煤样的主导粒级是 0.5~0.25mm，产率为 29.14%，灰分为 34.39%；次主导粒级是 0.074~0.045mm，产率为 26.69%，灰分为 40.61%。其中大于 0.074mm 粒级的产率是 65.79%，灰分为 31.62%；小于 0.074mm 粒级的产率是 34.21%，灰分为 41.51%。因此，低阶煤煤样的细泥（指 0.074~0.010mm 的颗粒[169]），灰分大。浮选过程中这部分异质细泥很容易黏附在煤泥颗粒表面的裂隙内或凹陷中，因此，很难通过传统的浮选方法将这部分异质细泥与微细煤进行有效分离；并且，在传统浮选过程中，这部分异质细泥很容易通过细泥罩盖或机械夹带的方式进入浮选精煤[170, 171]。因

此，在考虑后续煤泥分选方法时，要重点考虑这部分高灰细泥的有效分选。

煤样中粗粒级（大于0.25mm）的含量大（30.78%），且灰分较高（33.79%），由于低阶煤表面的强亲水性，因此，在浮选过程中易发生跑粗现象，进而影响浮选精煤的最终产率或灰分；当低阶煤煤样粒度小于0.25mm时，随着粒度的降低，相应各粒级的灰分也逐渐增加，这表明煤样中高灰细粒级的矸石产生泥化现象；煤样中浮选效果较好的中间粒度级（0.25~0.074mm）[172]灰分很高，均接近30.0%，因此，很难通过传统浮选的方法来获得低灰精煤。

为了进一步明确小于0.074mm粒级煤样的粒度组成情况，本书采用澳大利亚科廷大学WASM矿业实验的Microtrac S3000型激光粒度分析仪对试验煤样中的小于0.074mm粒级颗粒进行粒度分析，细粒度级的分析结果如图2-1所示。

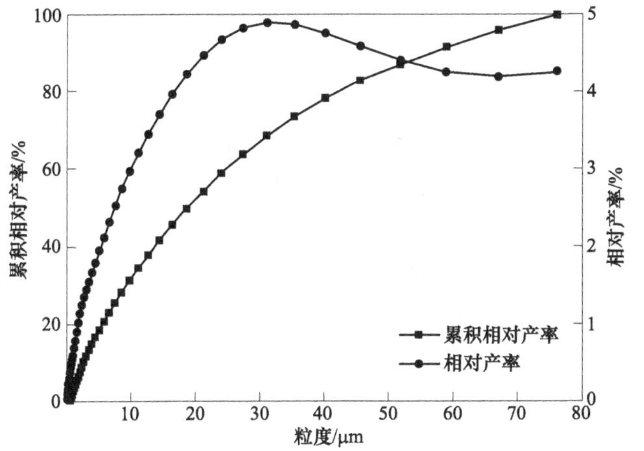

图2-1 小于0.074mm粒级煤样粒度分布

由试验煤样中小于0.074mm粒度级的粒度组成分析结果（见图2-1）可以观察到，随着粒度的增加，其相对含量迅速增加到4.89%，至0.030~0.035mm主导粒级后，相对含量开始降到4.20%。累积相对产率也随粒度增加迅速增加，当累积相对产率为50%时，对应的粒度为0.019mm；当累积相对产率为80%时，对应的粒度为0.043mm。当粒径为0.011mm时，对应的相对累积产率为34.48%。因此，小于0.074mm粒级煤样中小于浮选下限0.010mm的粒级含量较高（>30%），会对整个粒级的浮选效果产生较大影响。

2.1.2.3 低阶煤煤样的密度级分析

参照《煤炭浮沉试验方法》（GB/T 478—2008），小浮沉试验的密度分为5个密度级：1.3g/cm³、1.4g/cm³、1.5g/cm³、1.6g/cm³和1.8g/cm³。将配置好的重液加入LXJ-Ⅱ型沉淀式离心机的离心式管中，对低阶煤煤样进行小浮沉试验，浮沉结果见表2-3。

表 2-3　低阶煤煤样密度组成

密度级 /g · cm^{-3}	产率/%	灰分/%	浮物累计		沉物累计		δ±0.1 邻近物	
			产率/%	灰分/%	产率/%	灰分/%	密度 /kg · cm^{-3}	产率/%
<1.3	8.35	5.46	8.35	5.46	100.00	34.41	1.30	20.36
1.3~1.4	9.40	6.26	17.75	5.88	91.65	37.05	1.40	29.36
1.4~1.5	16.20	10.01	33.95	7.85	82.25	40.57	1.50	28.93
1.5~1.6	9.03	15.58	42.98	9.48	66.05	48.06	1.60	21.04
1.6~1.8	18.65	29.80	61.63	15.62	57.02	53.21	1.70	28.23
>1.8	38.37	64.58	100.00	34.41	38.37	64.58	—	—
合计	100.00	35.07	—	—	—	—	—	—

由低阶煤煤样密度组成（见表 2-3）可知，试验煤样中的低密度产物（小于 1.5g/cm^3）含量较低（小于 35.0%），并且低密度产物的灰分也很低（小于 8.0%），因而，浮选过程中理论低灰精煤的产率较低；浮沉试验还表明煤样的中间密度级产物（1.5~1.8g/cm^3）含量为 27.67%，灰分为 25.16%，这说明煤颗粒与矸石之间存在解离不充分现象，故浮选过程中难以获得较高产率的低灰精煤；煤样的主导密度级（大于 1.8g/cm^3）产率高达 38.37%，灰分为 64.58%。

根据低阶煤煤样可选性曲线（见图 2-2）可知，当要求精煤灰分为 10%时，

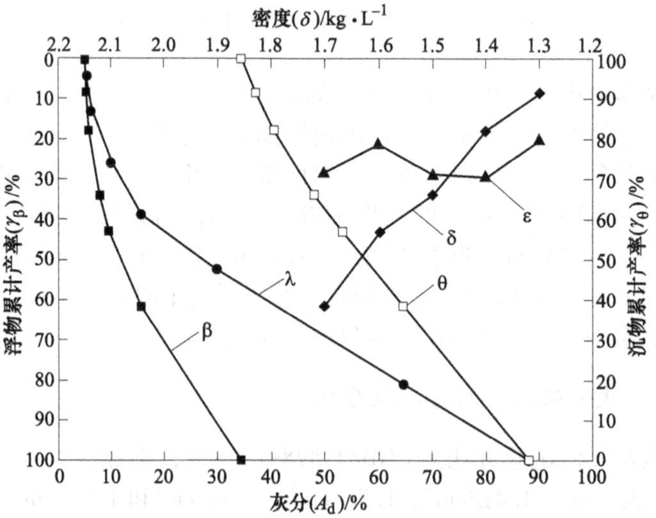

图 2-2　低阶煤煤泥可选性曲线

精煤理论产率为 44.8%，理论分选密度是 1.614g/cm^3，分选密度±0.1 含量为 21.6%，属于较难选；当要求精煤灰分为 11%时，精煤理论产率为 49.1%，理论分选密度是 1.635g/cm^3，分选密度±0.1 含量为 22.4%，属于较难选；当要求精煤灰分为 12%时，精煤理论产率为 52.3%，理论分选密度是 1.651g/cm^3，分选密度±0.1 含量为 24.1%，属于较难选。

为了进一步分析试验煤样中小于 0.074mm 细粒级的矿物组成、表面形貌特征及孔隙分部情况，本章及后续章节中将单独对小于 0.074mm 细粒级进行分析，并与全粒级煤样的分析结果进行比较分析。

2.2 低阶煤表面形貌分析

为了分析低阶煤煤样表面的矿物赋存状态及形貌特征，本书使用美国 FEI 公司生产的 Quanta 250 型扫描电子显微镜（SEM）分别对低阶煤的全粒级样品及小于 0.074mm 细粒级样品的表面形貌特征进行测试分析。该设备为中国矿业大学下属的分析与计算中心所购买，其分析扫描条件如下：扫描模式为高真空（HV），30.00kV（SE）；扫描过程采用 2 个放大倍数，其值分别为 3000 倍和 6000 倍；扫描束斑尺寸为 3.0；并配备 Bruker Quantax 400-10 电制冷型能谱仪。低阶煤的全粒级及小于 0.074mm 细粒级样品的 SEM 扫描结果分别如图 2-3 和图 2-4 所示。

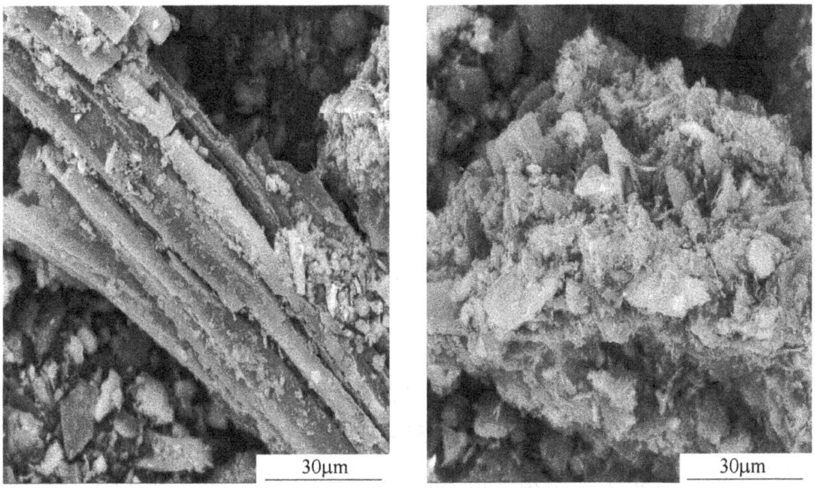

图 2-3 全粒级低阶煤扫描电镜图像

由低阶煤全粒级扫描电镜照片（见图 2-3）可以看出，低阶煤表面粗糙，存在大量裂隙和凹陷。在其表面的凹陷中存在着大量粒径小于 10μm 的微细颗粒；同时还可以观察到在煤粒表面裂隙处还存在粒径小于 1μm 的微细颗粒。在 SEM 图片中，矿物质之间的差异可以通过颗粒表面亮度的差异反映出来，为此通过能

图 2-4　小于 0.074mm 粒级低阶煤扫描电镜图像

谱仪分析表明，异质细泥颗粒在 SEM 图片中呈现出高亮度。对于小于 0.074mm 粒级煤样（见图 2-4），大量的细颗粒及粒径更小的细泥被伴随有凹槽的较大煤粒表面黏附和包裹。在浮选调浆过程中，吸附于煤颗粒表面上的裂隙和凹坑中的空气易被水分子置换，故会在低阶煤颗粒的表面形成较厚而稳定的水化膜[20, 51]，从而使得煤表面的疏水性降低，进而增加浮选捕收剂的消耗量。

2.3　低阶煤矿物组成分析

根据不同矿物质在 X 射线辐照下衍射角度的差异，对低阶煤样中的矿物质组成进行分析。本书采用澳大利亚科廷大学矿业学院德国 Bruker 公司生产的 D8 Advance 型 X 射线衍射仪（XRD），分别对低阶煤的小于 0.50mm 全粒级样品及小于 0.074mm 细粒级的矿物组成进行了半定量分析。XRD 测试参数及条件设置如下：X 射线管电压为 40kV，管电流为 30mA；阳极靶材料为 Cu 靶，K_α 辐射；测角仪半径为 250mm；发散狭缝（DS）宽度为 0.6mm，防散射狭缝（SS）宽度为 8mm；采用 Ni 滤片滤除 Cu-K_β射线；检测器开口为 2.82°，入射侧与衍射侧索拉狭缝均为 2.5°，扫描范围（2θ）为 5°～55°，扫描速度为 0.1s/步，采样间隔为 0.019450 步；检测器为林克斯阵列探测器。XRD 测试结果如图 2-5 和图 2-6 所示。

由图 2-5 和图 2-6 可知，低阶煤的小于 0.074mm 粒度级与全粒度级煤样中的矿物质成分一致，其中白云母和石英为低阶煤煤样中的主要矿物质成分，斜绿泥石和鲕绿泥石为次要矿物质成分。小于 0.074mm 粒级煤样中石英的衍射强度要明显高于其全粒级煤样的衍射强度。半定量分析结果如下：全粒级中石英、白云母及绿泥石分别为 32.6%、38.6%及 15.2%，其他成分（非晶质体）为 13.5%；

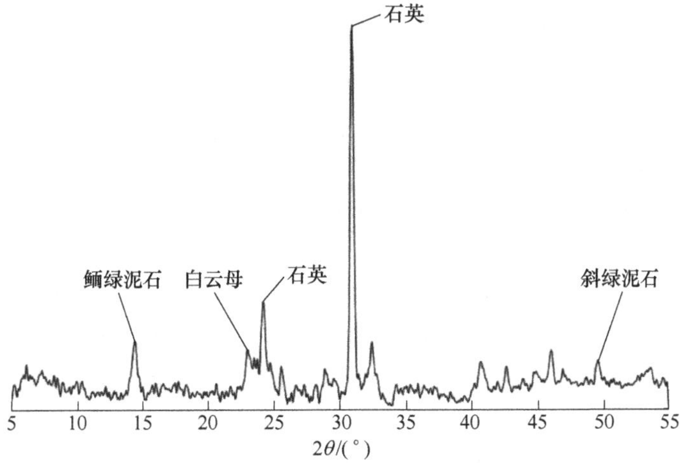

图 2-5 低阶煤全粒级 XRD 谱图

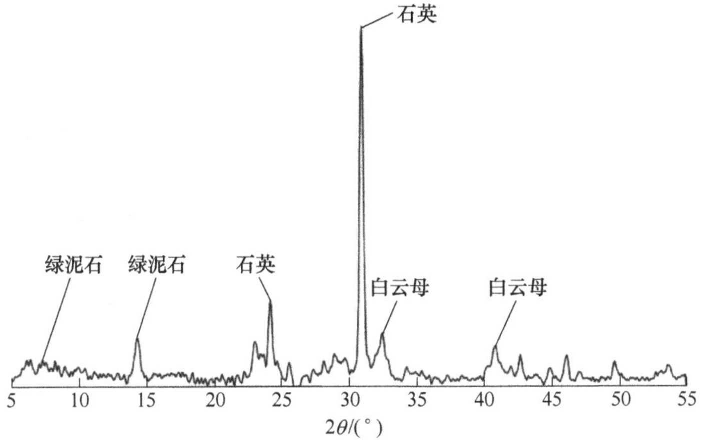

图 2-6 低阶煤小于 0.074mm 粒级的 XRD 分析谱图

小于 0.074mm 粒级中石英、白云母、斜绿泥石及鲕绿泥石分别为 44.1%、29.6%、0.1%及 14.9%，其他成分（非晶质体）含量为 11.4%。由于大量粒度级小于 0.074mm 的黏土类颗粒存在于低阶煤的全粒级中，故黏土类颗粒会在筛分后的小于 0.074mm 粒级中产生积聚，从而使得小于 0.074mm 粒级中的黏土类颗粒在衍射强度上要高于全粒级煤样。

由于石英矿物表面的亲水性很强，因此，在浮选过程中石英颗粒不易与气泡产生黏附行为，而是沉降到浮选设备的底部从而进入浮选尾煤。与石英矿物性质相比，高岭石、斜绿泥石以及蒙脱石等黏土类矿物质易产生泥化现象，并且在浮选过程中常以细泥夹带的形式进入浮选精煤，从而影响精煤产品质量，恶化浮选效果。

2.4　低阶煤表面孔隙及比表面积分析

煤颗粒表面不仅黏附着大量的微细颗粒，而且煤颗粒表面上还分布着大量的微观孔隙（见表 2-4 和表 2-5）[173]。IUPAC（International Union of Pure and Applied Chemistry）组织将多孔固体中的孔分为三类[174]（见表 2-6）。依据 Brunauer-Emmet-Teller（BET）分析测试方法[30]，本书采用美国 Quantachrome 公司生产的 Autosorb-1MP 型全自动比表面和孔径分析仪对低阶煤全粒级及小于 0.074mm 粒级的表面孔容、孔径分布、孔隙率和比表面积等参数进行了测试分析。该设备由中国矿业大学国家煤加工与洁净化工程技术研究中心购买，其分析测试的条件为：分析气体为氮气（N_2），吸附温度为−195.8℃（即 77.35K），脱气温度为 150.0℃，脱气时间为 5.0h，非理想系数为 $6.58\times10^{-5}mmHg^{-1}$（即 $8.773\times10^{-3}Pa^{-1}$），孔径分析模型为 NLDFT 模型。煤样的吸附等温线如图 2-7 所示；孔径分布如图 2-8 所示；比表面积、总孔容和平均孔径见表 2-7。

表 2-4　煤的孔隙类型及其成因[173]

类型		成因
原生孔	组织孔	成煤植物本身所具有的各种组织孔
	屑间孔	碎屑镜质体、惰质体和壳质体等有机质碎屑间的孔
后生孔	气孔	变质过程中生气和聚气作用形成的孔
外生孔	角砾孔	受构造力破坏形成的角砾间的孔
	碎粒孔	受构造力破坏形成的碎粒间的孔
	摩擦孔	压应力作用下面间摩擦形成的孔
矿物质孔	铸模孔	煤中矿物质在有机质中因硬度差异而铸成的印孔
	晶间孔	矿物晶粒间的孔
	溶蚀孔	可溶性矿物质在长期气、水作用下受溶蚀形成的孔

表 2-5　煤中裂隙的类型、成因及其特征[175]

分类		成因	基本形态特征
内生裂隙	失水裂隙	煤化作用初期煤层在物理变化中形成	弯曲状，长短不一
	缩聚裂隙	变质过程中缩聚而成	短浅，弯曲，无序
	静压裂隙	煤层在上面岩层的单向静压下形成	短、直，垂直层理
外生裂隙	张性裂隙	张应力作用形成的启开状裂隙	直线状，弯曲状
	压性裂隙	压应力作用产生的闭合状裂隙	长、直，多平行
	剪性裂隙	剪切力作用产生的两组或多组裂隙	直线状为主，裂隙多
	松弛裂隙	煤构造面上应力释放产生的裂隙	弯曲状为主，锯齿状

表 2-6 孔隙的分类[174]

类 别	微孔	中孔/介孔	大孔
孔径/nm	<2	2~50	>50

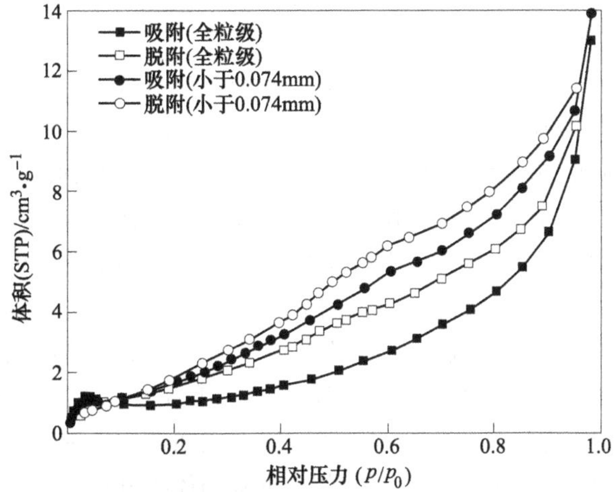

图 2-7 低阶煤全粒级及小于 0.074mm 粒级煤样吸附等温线

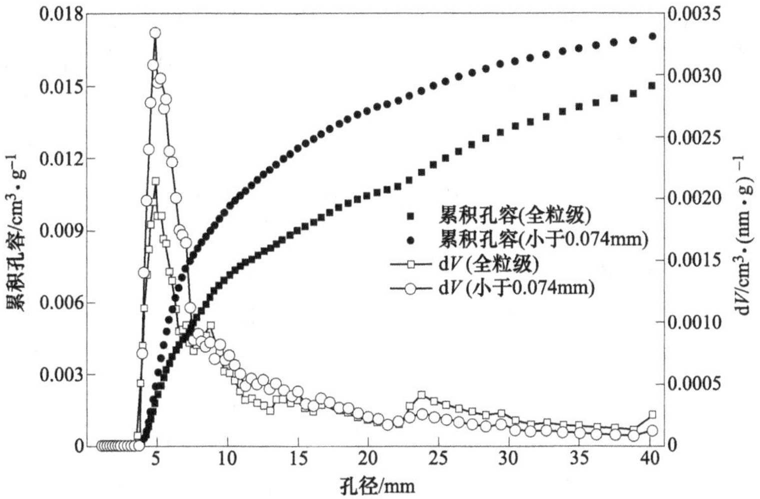

图 2-8 低阶煤全粒级及小于 0.074mm 粒级煤样孔径分布曲线

如图 2-7 所示，随着测试的相对压力（p/p_0）的逐渐加大，液氮在全粒级煤样中的吸附体积逐渐增加，尤其是当 $p/p_0>0.2$ 后，吸附曲线和脱附曲线之间开始出现较为明显的差别。当测试过程的相对压力增至 $p/p_0=1$ 时，全粒级煤样空

表 2-7　低阶煤煤样的孔隙及比表面积测试结果

粒级/mm	比表面积（multi-point BET）/$m^2 \cdot g^{-1}$	总孔容/$cm^3 \cdot g^{-1}$	平均孔径/nm
全粒级	5.747	1.498×10^{-2}	1.198
小于 0.074	12.540	1.705×10^{-2}	3.680

隙中的吸附及脱附体积都达到了最高值。同时，由脱附曲线变化趋势可以观察到，全粒级煤样中相应各点的吸附体积均低于脱附体积。在煤样孔隙的吸附测试过程中，由于较高的测试相对压力（p/p_0）使得煤颗粒中的孔隙产生变形，而在后续的脱附测试过程中煤粒中变形的孔容并未完全恢复，故由此等温曲线形状，可以判断全粒级及小于 0.074mm 粒级煤样的孔隙为一端不透气的孔[176]。

通过小于 0.074mm 粒级煤样的吸附等温线（见图 2-7）可以发现，当 $p/p_0>0.1$ 后其吸附和脱附曲线均高于全粒级煤样，这主要受其微细的粒度组成影响。全粒级和小于 0.074mm 粒级煤样的吸附等温线变化趋势相似，只是当 $p/p_0>0.4$ 后小于 0.074mm 粒级煤样的吸附曲线和脱附曲线之间开始出现较为明显的差别；当 $p/p_0=1$ 时，全粒级和小于 0.074mm 粒级煤样的吸附体积分别增加到 13.0069cm^3/g 和 13.8976cm^3/g。

对于全粒级煤样（见图 2-8），当孔径在 4~6nm 范围时，其累积孔容近似直线式急剧增长，从而说明全粒级煤样含有大量此范围的孔隙。全粒级和小于 0.074mm 粒级煤样的孔径分布（dV）均包含一个最大峰值，其峰值处孔径值均为 4.9nm。同时，全粒级和小于 0.074mm 粒级煤样的累积孔容分别为 0.00214m^2/g 和 0.00334m^2/g。较上一孔径测试范围（4~7nm），小于 0.074mm 粒级煤样的孔径在 7~20nm 时的累积孔容增速逐渐变慢，并只有一个明显的峰值出现在孔径分布曲线（dV）上。当孔径大于 9nm 后，全粒级和小于 0.074mm 粒级煤样的孔径分布（dV）相近。当孔径大于 10nm 后，全粒级煤样的累积孔容的增速逐渐减缓，并且与小于 0.074mm 粒级煤样的累积孔容差异逐渐增大，但二者的孔径分布（dV）基本保持一致。对于全粒级煤样（见图 2-8），孔径在 10~40nm 时，其累积孔容较 4~7nm 增速减缓，并且其增速（斜率）始终小于小于 0.074mm 粒级煤样在 7~20nm 段的增速。若在浮选实验过程采用的捕收剂分子直径范围处于 6~20nm 或更窄，那么在矿浆搅拌过程中低阶煤的孔隙有可能被这类捕收剂分子充填并形成堆积的情形，从而导致浮选过程捕收剂的用量增加，而这部分捕收剂的消耗对浮选的矿化过程是无效的。因此，在低阶煤浮选过程中捕收剂的消耗量较高有可能是由于低阶煤颗粒的孔隙吸附及充填导致的。

由表 2-7 中的测试结果可以观察到，全粒级煤样的比表面积（multi-point BET）及平均孔径尺寸要远小于小于 0.074mm 粒级煤样，而二者的总孔容数值较接近。因此，上述分析表明，若低阶煤煤样的粒度较细，其比表面积、总孔容及平均孔径就会相对较大。由于低阶煤煤样中的小于 0.074mm 粒级含量较高，并且其比表面积及孔隙较高，故在浮选过程中捕收剂消耗会增大。因而，在同等捕收剂用量条件下，含细粒级高的低阶煤的浮选效果很不理想。

2.5 神东低阶煤表面的含氧官能团分析

相关研究表明，低阶煤的表面含有大量的极性含氧官能团[44, 177]，因而，在浮选过程中使得颗粒-气泡间的矿化过程难度增大，进而导致低阶煤的可浮性差，浮选捕收剂用量增大。为了分析本节所用低阶煤样的表面含氧官能团类型及其相对含量，本书采用了傅里叶变换红外光谱（FT-IR）和 X 射线光电子能谱（XPS）方法。

2.5.1 傅里叶变换红外光谱（FT-IR）分析

特定的红外吸收峰与颗粒表面不同的官能团存在对应关系（见表 2-8）[178~180]，因此，为了掌握低阶煤样品表面官能团性质，本节通过红外官能团吸收峰的分析测试来表征低阶煤表面含氧官能团的分部情况。本书分析采用中国矿业大学国家煤加工与洁净化工程技术研究中心的美国 Thermo Scientific 公司的 Nicolet 380 型傅里叶变换红外光谱仪（FT-IR）。试验分别对全粒级及小于 0.074mm 粒级煤样的表面官能团进行分析。FT-IR 的测试条件设置如下：扫描峰值范围 4000~400cm^{-1}，测试扫描次数 32，峰值扫描的分辨率为 4cm^{-1}，峰值扫描的精度不大于 0.1cm^{-1}，光谱纯溴化钾为分析衬底，测试样品的压片直径为 13mm，测试压片的压力设为 20MPa。针对低阶煤表面的红外测试图谱，本书采用 Omnic 红外分析软件，并对分析图谱进行基线校正、归一化及寻峰等处理，分析结果如图 2-9 所示。

表 2-8 煤的特征红外吸收峰归属[178~180]

波数/cm^{-1}	谱 峰 归 属
3650~3580	游离—OH 伸缩振动（尖峰）
3600~3200	醇、酚—OH 及—NH、—NH_2 的伸缩振动
3400~3200	氢键缔合醇、酚—OH 伸缩振动（宽峰）
2960±5	—CH_3 反对称伸缩振动
2925±5	—CH_2—反对称伸缩振动
2875±5	—CH_3 对称伸缩振动
2855±5	—CH_2—对称伸缩振动
1978~1851	>C=O 伸缩振动

续表 2-8

波数/cm^{-1}	谱 峰 归 属
1760~1660	羧基 C═O 伸缩振动
1700~1600	—O—取代的 C═C 伸缩振动，>C═O 与—OH 形成的氢键共振，>C═O 伸缩振动
1534~1386	芳香 C═C、—CH_2—、—CH_3 伸缩振动（芳环骨架振动）
1465±5	—CH_2—变角振动
1460±5	—CH_3 不对称变角振动
1375±5	—CH_3 对称变角振动
1330~1132	>C═O 与—O—伸缩振动
1330~1110	羧、酚、醚、醇、酯的 C—O 振动
1100	石英 Si-O-Si 反对称伸缩振动
1040~910	矿物质（如 Si—O—Si、Si—O—Al 等）
971~710	芳环 C—H 伸缩振动
800，780	石英 Si—O—Si 对称伸缩振动
540	芳香双硫醚—S—S—
475	硫醇—SH
420	FeS_2

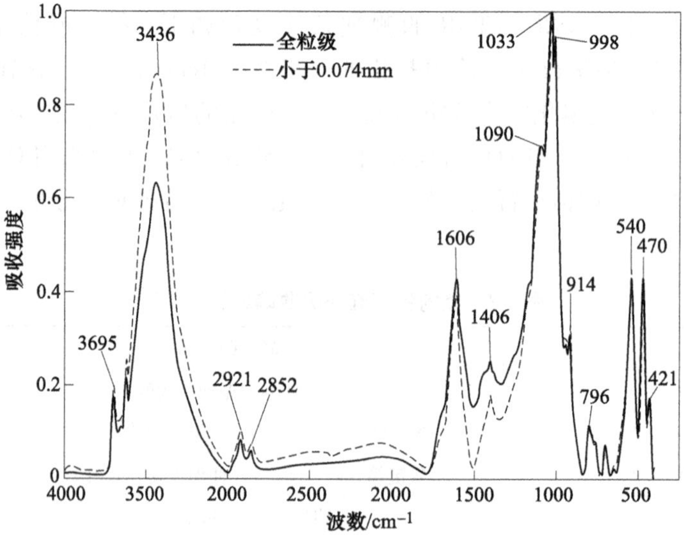

图 2-9　原煤粒及小于 0.074mm 粒级煤样的 FT-IR 谱图

结合表 2-8 的红外光谱峰值对应情况，由图 2-9 中的红外峰值可知，3695~3580cm^{-1}峰段为游离羟基（—OH）的吸收峰范围，3436cm^{-1}处为酚—OH 的宽吸收峰，2921cm^{-1}处为—CH_2—反对称伸缩运动，2852cm^{-1}处为—CH_2—对称伸缩运动的吸收峰，1606cm^{-1}处为羰基（>C═O）或其与羟基（—OH）形成的氢键的共振吸收峰，1406cm^{-1}处为芳香性 C═C（即芳环骨架）的吸收峰，1090cm^{-1}处为 Si—O—Si 的反对称收缩，Si—O—Si 和 Si—O—Al 的吸收峰值对应 1033cm^{-1}、998cm^{-1}和 914cm^{-1}处，芳环 C—H 伸缩运动对应 796cm^{-1}处，香双硫醚（—S—S—）的吸收峰位于 540cm^{-1}处，硫醇（—S—H）的吸收峰分布在 470cm^{-1}处，低阶煤中黄铁矿（FeS_2）的吸收峰位于 421cm^{-1}处。

由上述分析可见，较多亲水性的含氧官能团，如—OH、>C═O 和 C—O 等存在于低阶煤煤样的表面；同时，低阶煤煤样中还包含疏水性的官能团，如 C═C、—CH_3 和—CH_2—等。有机含硫—S—S—、—S—H 官能团以及 Si—O—Si、Si—O—Al 和FeS_2 等成灰矿物质存在于低阶煤的表面。其中，小于 0.074mm 粒级煤样中的游离羟基（—OH）及酚—OH 的含量要略高于全粒级煤样。这主要是由于小于 0.074mm 粒级煤样中的孔隙率要高于全粒级煤样，故小于 0.074mm 粒级煤样中的游离羟基（—OH）的含量要略高于全粒级煤样。低阶煤煤样表面存在的大量亲水性含氧官能团会大大降低其表面的疏水性，故在浮选过程中，疏水性差的低阶煤表面增加了其与浮选捕收剂及气泡的矿化难度。与高阶焦煤浮选效果相比，为了取得较好的低阶煤浮选效果，浮选过程中捕收剂的用量要高达 50kg/t 以上[181]。

2.5.2　低阶煤表面的 X 射线光电子能谱（XPS）测试

低阶煤煤样表面官能团类型虽然可以通过傅里叶变换红外光谱（FT-IR）测试方法来定性表征，但由于红外仪器本身原因、试验操作误差以及一些测试基团间的相互干扰，因此，红外测试手段不能准确且定量地分析出低阶煤表面的含氧官能团分布情况，而 X 射线光电子能谱（XPS）测试技术可以直接获取低阶煤煤样表面的元素种类及存在的形式，并可以通过分峰拟合软件定量分析出低阶煤表面官能团的相对含量[182]。

因此，本书采用美国 Thermo Fisher 公司生产的 ESCALAB 250Xi 型 X 射线光电子能谱仪（XPS）分别对低阶煤煤样表面的 O、C、Si、Al 元素进行宽程扫描测试，并将窄程扫描模式用于 C 元素测试。XPS 测试设备由中国矿业大学分析与计算中心购买，其分析条件设置如下：激发光源使用了单色化铝阳极靶（Al K_α）；测试束斑尺寸为 900μm；窄程扫描通过能量为 20eV，其测试分辨率为 0.05eV；宽程扫描通过能量为 100eV，其测试分辨率为 1eV；测试分析室的真空度为 5×10^{-8}Pa。

本书采用 XPSPEAK 4.1 版本的分峰拟合软件，在给定的结合能条件下对 C1*s* 进行了分峰拟合。在分峰拟合之前，使用 284.8eV 结合能作为 C1*s* 扫描数据的内标校正参数，具体拟合使用的结合能参数范围见表 2-9。

表 2-9　XPSPEAK 软件分峰拟合的参数设定

拟合范围/eV	基线类型	洛伦兹-高斯比（L-G）	C1*s* 结合能范围/eV	
(281~295)±0.5	Shirley	0	C—C/C—H	284.6
			C—O—C/C—OH	285.8~286.3
			C═O	287.3~287.6
			O═C—O	289.0~289.2

注：1. 拟合范围选取依据文献［167］；
2. 洛伦兹-高斯比（Lorentzian-Gaussian，L-G）数值选取依据文献［183］；
3. C1*s* 结合能拟合范围参考文献［184，185］。

2.5.2.1　低阶煤煤样宽程扫描结果分析

低阶煤煤样宽程扫描结果（见表 2-10）中，低阶煤煤样表面 O、C、Si、Al 元素的中心结合能分别为 532.65eV、284.80eV、103.60eV 及 75.05eV。可以看出 O 元素的表面原子摩尔比最高，其次为 C 元素。其中，0.500~0.250mm 及小于 0.074mm 粒级的 O/C 的表面原子摩尔比比值分别为 1.60 和 1.74。并且由低阶煤粒级含量分析可知，0.500~0.250mm 及小于 0.074mm 粒级合计含量占全粒级煤样的 63.35%。因此，可以看出低阶煤表面的含氧官能团丰富。

表 2-10　低阶煤不同粒级煤样宽程扫描结果　　（%）

粒　级	C1*s*	O1*s*	Si2*p*	Al2*p*	O/C 比
全粒级	42.46	45.22	7.65	4.67	1.07
>0.500mm	47.47	45.04	4.20	3.29	0.95
0.500~0.250mm	30.86	49.34	11.66	8.14	1.60
0.250~0.125mm	46.80	44.35	4.88	3.97	0.95
0.125~0.074mm	45.69	43.21	6.57	4.53	0.95
<0.074mm	31.90	55.44	8.06	4.60	1.74

煤颗粒表面存在的大量 O、Si 和 Al 元素会显著降低疏水性，因此，在浮选过程中，具有较强表面亲水性的低阶煤颗粒不易与浮选气泡黏附矿化。故大量未矿化的煤颗粒会沉到浮选槽底部，进而形成浮选尾煤，从而造成浮选精煤产率下降。对于表面含 C 元素较高的低阶煤颗粒，由于其表面疏水性较好，故在浮选矿化过程其较易与气泡黏附矿化，并随气泡上浮形成浮选精煤。

2.5.2.2　煤样窄程扫描结果的拟合分析

当煤中的 O 元素与 C 元素相结合时，可以形成亲水性的有机含氧官能团，如羟基（C—O—H）、羰基（C═O）、羧基（O═C—O）及醚基（C—O—C）等；当煤中的 O 元素与 Si、Al 等元素相结合时，可以形成亲水性的无机矿物质，如石英（SiO_2）和铝硅酸盐[186]。煤中的石英（SiO_2）和铝硅酸盐，尤其是铝硅酸盐，不仅分子结构复杂，并且在不同的成煤环境下其组成差异较大。在低阶煤颗粒的 O1*s* 谱图分峰拟合过程中，若将这部分矿物质近似视为无机氧化物（如 SiO_2、Al_2O_3 等）[182]时，将导致 O1*s* 含氧官能团的特征中心结合能交叉或重叠。因此，上述假设结果将增加 O1*s* 含氧官能团的分峰拟合难度。尤其当低阶煤的内在灰分较大时，若忽略无机氧形成的矿物质的存在，将会增大低阶煤 XPS 测试谱图的分峰拟合误差，故拟合出来的各基团相对含量不能准确地反映出 O 元素在煤表面的存在形式。

由于有机 O 与 C 元素的结合形式决定了低阶煤表面的亲疏水性，因此，本书只对全粒级及其小于 0.074mm 粒级煤样表面的 C1*s* 谱图进行分峰拟合。由图 2-10 和图 2-11 全粒级及小于 0.074mm 粒级煤样的 C1*s* 分峰拟合的含氧官能团结果并结合表 2-11 的拟合计算结果可得到如下结论：在所选 C1*s* 拟合出峰区间内，全粒级及小于 0.074mm 粒级煤样的分峰拟合曲线与其 XPS 测试的原始曲线紧密相邻，说明 C1*s* 分峰拟合效果很好；拟合结果表明全粒级及小于 0.074mm 粒级煤样的表面官能团均以 C—C 和 C—H 结合键为主；小于 0.074mm 粒级煤样表面的相对含氧官能团比全粒级煤样高出 8.64%；全粒级煤样的含氧官能团主要以羰基（C═O）和羧基（O═C—O）形式存在，这与段旭琴等人[182]的研究结果一致；而小于 0.074mm 粒级煤样的表面官能团主要以醚基（C—O—C）和羟基（C—OH）形式存在。由于 C1*s* 分峰拟合结果仅在一定程度上反映出小于0.074mm

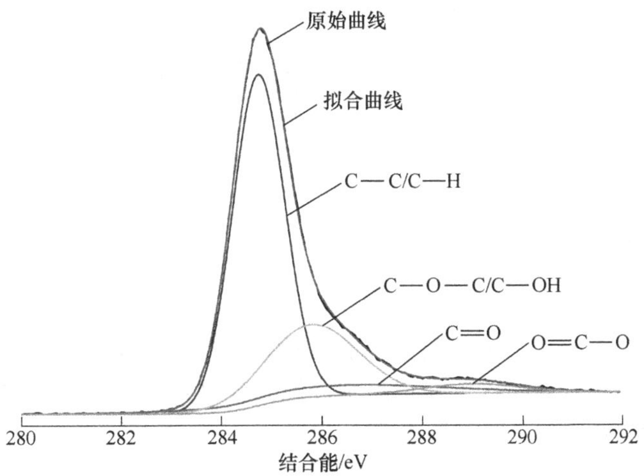

图 2-10 全粒级煤样的 C1*s* 分峰拟合图

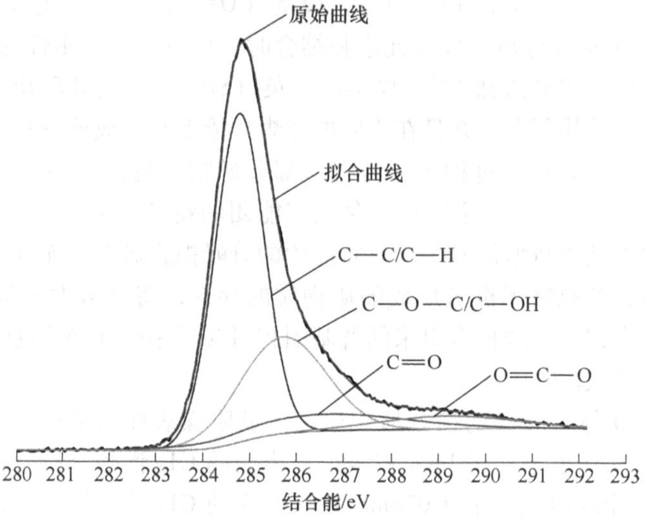

图 2-11　小于 0.074mm 粒级煤样的 C1*s* 分峰拟合图

粒级煤样表面各种官能团的相对量，为了更准确地反映出小于 0.074mm 粒级煤样表面各种官能团的含量，结合表 2-10 及分峰拟合结果表 2-11，可以得到各官能团占全粒级总样和小于 0.074mm 粒级煤样的质量分数。计算结果表明，含碳基团（C—C 与 C—H）在小于 0.074mm 粒级煤样中的含量比其占全粒级煤样的百分数低了 7.68 个百分点；二者羧基（O═C—O）质量分数相当；但小于 0.074mm 粒级的醚和羟基（C—O—C 与 C—OH）要明显高于全粒级煤样，高出 4.30 个百分点。而全粒级的羰基（C═O）比小于 0.074mm 粒级高出 5.72 个百分点。此结果与煤样表面宽程扫描结果一致。

表 2-11　全粒级及小于 0.074mm 粒级煤样 C1s 分峰拟合数据　　（%）

粒　级	C—C，C—H	C—O	C═O	COOH
全粒级（相对）	64.46	7.71	24.65	3.18
小于 0.074mm（相对）	55.82	28.76	9.56	5.85
全粒级（占全样）	20.88	2.50	7.98	1.03
小于 0.074mm（占全样）	13.20	6.80	2.26	1.38

由于低阶煤表面具有大量的含氧官能团，虽然全粒级及小于 0.074mm 粒级煤样表面含碳、含氧基团含量存在差别，但其含氧官能团的相对含量差别较小，浮选过程中仍需要消耗大量捕收剂[181]。

2.6　低阶煤表面亲疏水性研究

为了表征低阶煤的表面亲疏水性，本书采用接触角、亲油亲水比（*LHR*）、表面张力组分及诱导时间等分析方法，研究低阶煤全粒级表面润湿性、自由能及不同粒级低阶煤的诱导时间。

2.6.1 颗粒表面润湿理论

2.6.1.1 Washburn 理论方程

依据 Poiseuille 的相关定义，Washburn 理论方程可以简化如下[187]：

$$w^2 = c\frac{\rho^2\gamma\cos\theta}{2\eta}t \tag{2-1}$$

式中，w 为测试过程中探针液体的质量变化值；c 为粉体几何因数（对具有相似颗粒粒度分布及充填度的测试样品，c 可视为常数[187]）；ρ 为测试探针液体的密度；γ 为测试探针液体的表面张力；η 为测试探针液体的黏度；θ 为测试粉末的接触角；t 为测试粉体与探针液接触过程中的润湿时间。

由润湿曲线 w^2-t 式（2-1）可知，测试粉体的润湿速率，即斜率 k 表达如下：

$$k = c\frac{\rho^2\gamma\cos\theta}{2\eta} \tag{2-2}$$

为了表征油相（L）和水相（H）对粉体润湿性的差异，Chang 和杨斌武等人[188,189]提出了亲油亲水比（*LHR*）的概念，具体定义如下：

$$LHR = \frac{\cos\theta_L}{\cos\theta_H} = \frac{k_L\eta_L}{k_H\eta_H}\cdot\frac{\rho_H^2\gamma_H}{\rho_L^2\gamma_L} \tag{2-3}$$

通过 *LHR* 值可以比较多种类型探针液体与水溶液对待测样品润湿性的差异。

2.6.1.2 固体表面 van Oss-Chaudhury-Good 理论

依据固体表面 van Oss-Chaudhury-Good 理论可知，固体表面的自由能由两个部分组成，即非极性组分和极性组分[190, 191]。其中，固体表面的非极性组分也叫作分散组分，并起到长程力（Lifshitz-van der Waals，γ^{LW}）的作用，具有加和性，其主要分力包括 Debye、London 以及 Keesom 作用力。极性组分也称为非分散组分，并起到短程力（酸碱作用力，γ^{AB}）的作用力，不具有加和性，其可通过几何平均法则计算[192, 193]。通过上述讨论可知，固体表面的自由能（γ_S）可表达如下：

$$\gamma_S = \gamma_S^{LW} + \gamma_S^{AB} = \gamma_S^{LW} + 2(\gamma_S^+\gamma_S^-)^{1/2} \tag{2-4}$$

式中，γ_S^{LW} 为固体表面非极性的 Lifshitz-van der Waals 作用力；γ_S^{AB} 为固体表面的酸碱作用力；γ_S^+ 和 γ_S^- 分别为 γ_S^{AB} 组分的酸性和碱性分量。

固-液界面的界面自由能可以表示为[194]：

$$\gamma_{SL} = \gamma_S + \gamma_L - 2[(\gamma_S^{LW}\gamma_L^{LW})^{1/2} + (\gamma_S^+\gamma_L^-)^{1/2} + (\gamma_S^-\gamma_L^+)^{1/2}] \tag{2-5}$$

固-液界面的 Young 方程为[195]：

$$\gamma_S = \gamma_{SL} + \gamma_L \cos\theta \tag{2-6}$$

固-液界面的黏附功可由 Young-Dupré 方程表示为[169]：

$$W_a = \gamma_L + \gamma_S - \gamma_{SL} = \gamma_L(1 + \cos\theta) \tag{2-7}$$

综合式（2-5）~式（2-7），可通过扩展 Young 方程来计算固-液体系表面自由能组分，具体表达式如下[190, 196]：

$$\gamma_L(1 + \cos\theta) = 2[(\gamma_S^{LW}\gamma_L^{LW})^{1/2} + (\gamma_S^{+}\gamma_L^{-})^{1/2} + (\gamma_S^{-}\gamma_L^{+})^{1/2}] \tag{2-8}$$

因此，固体表面极性的计算公式如下所示[197]：

$$\text{固体表面极性} = \frac{\gamma_S^{AB}}{\gamma_S} \times 100\% \tag{2-9}$$

选取 3 种已知物理参数的探针液体，其中两种探针液体为极性，通过测量其在煤样表面的接触角，分别代入式（2-8）并联立求解，即可获得固体表面自由能各组分值。通过式（2-4）和式（2-9）可求出固体表面极性。

2.6.2　低阶煤表面润湿行为研究

2.6.2.1　低阶煤表面润湿速率及 *LHR* 计算

基于 Washburn 动态分析法[187]，本书采用德国 KRÜSS 公司生产的 K100 型表面张力仪，对不同粒级颗粒的润湿行为进行测试分析。该设备由中国矿业大学国家煤加工与洁净化工程技术研究中心购买，其具体测试分析条件如下：探针液体用量为 30mL；待测煤粉质量为 2.000g；Washburn 管作为载样容器，每次测试要严格控制煤粉的充填高度；煤粉与探针液体间的润湿时间为 10min；实验数据点为 200 个；测试温度为 20℃ ±0.5℃。试验所用的润湿探针液体为正十二烷、α-溴代萘、甲酰胺及去离子水[198]。为了测定毛细管常数，本书将正十二烷作为基准探针液体[179, 199]。探针液体的物理参数见表 2-12。

表 2-12　探针液体的物理参数（20℃）

探针液体	纯度	黏度 η /mPa·s^{-1}	密度 ρ /g·cm^{-3}	表面张力 γ /mN·m^{-1}	γ_L^{LW} /mN·m^{-1}	γ_L^{+} /mN·m^{-1}	γ_L^{-} /mN·m^{-1}
正十二烷	分析纯	1.508	0.749	25.4	25.4	0	0
α-溴代萘	分析纯	5.107	1.483	44.4	44.4	0	0
甲酰胺	分析纯	3.812	1.133	58.0	39.0	2.28	39.6
去离子水	—	1.002	0.998	72.8	21.8	25.5	25.5

注：去离子水由 Millipore 公司生产的 Milli-Q 型超纯水系统制得。

煤粉与探针液体润湿过程的结果如图 2-12 所示。在采用最小二乘法对各粒级煤样的润湿曲线进行线性回归（相关系数均大于 0.9995）分析前，先剔除各

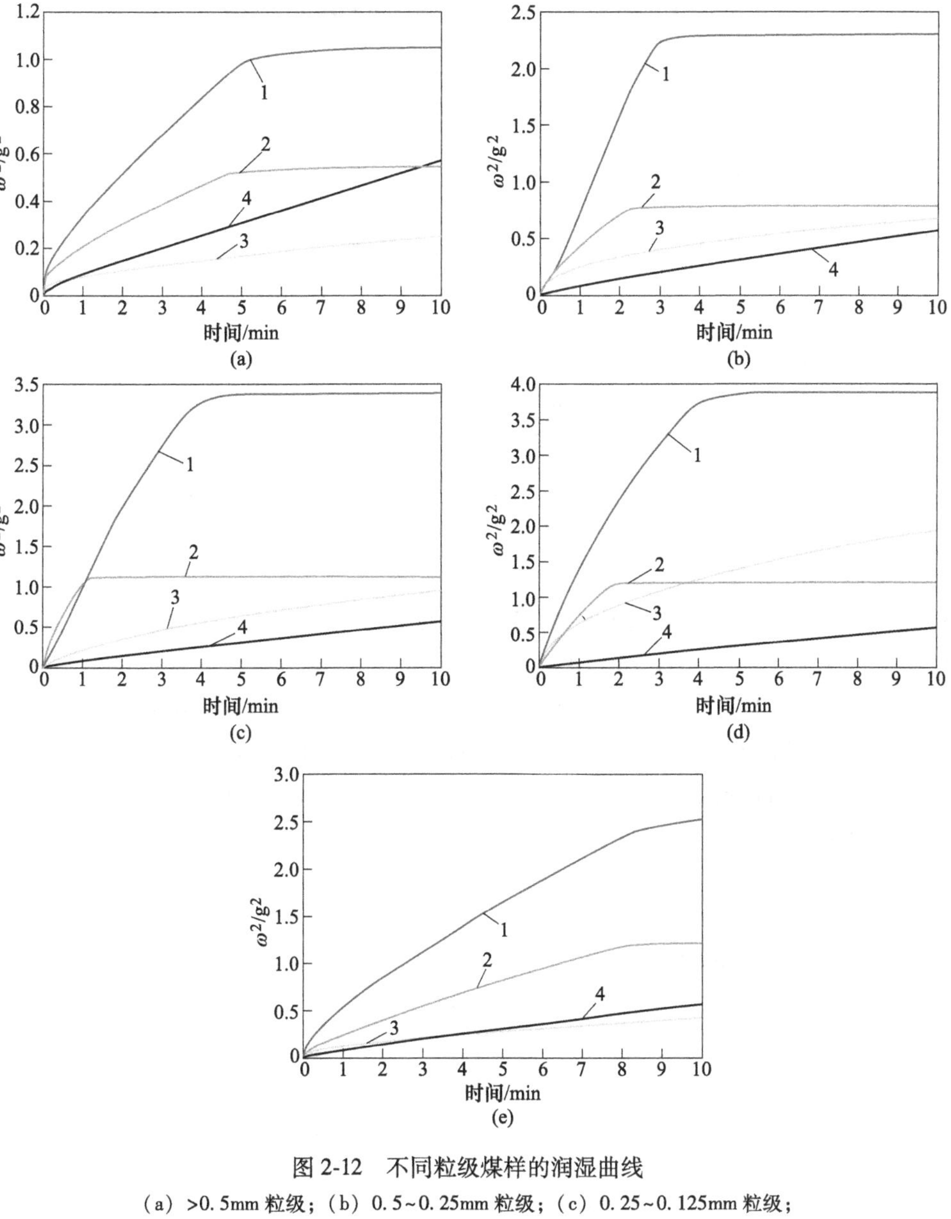

图 2-12 不同粒级煤样的润湿曲线

(a) >0.5mm 粒级；(b) 0.5~0.25mm 粒级；(c) 0.25~0.125mm 粒级；

(d) 0.125~0.074mm 粒级；(e) <0.074mm 粒级

1—α-溴代萘；2—正十二烷；3—甲酰胺；4—去离子水

粒级煤样的润湿初始点数据及达到润湿平衡后的实验数据值。在对润湿斜率（润湿速率）分析计算的基础上，采用式（2-3）计算了各粒级煤样的亲油亲水比（*LHR*）值并将其列于表 2-13 中。

表 2-13　不同粒级煤样的润湿速率和 *LHR* 值（20℃）

粒级/mm	润湿速率 $k/g^2 \cdot s^{-1}$				*LHR*			
	正十二烷	α-溴代萘	甲酰胺	去离子水①	正十二烷	α-溴代萘	甲酰胺	去离子水
>0.500	14.49×10^{-4}	27.86×10^{-4}	3.08×10^{-4}	8.95×10^{-4}	12.39	11.78	1.28	—
0.500~0.250	50.24×10^{-4}	137.72×10^{-4}	6.405×10^{-4}	8.95×10^{-4}	42.96	58.24	2.65	—
0.250~0.125	135.11×10^{-4}	159.57×10^{-4}	14.20×10^{-4}	8.95×10^{-4}	115.52	67.48	5.88	—
0.125~0.074	103.74×10^{-4}	189.65×10^{-4}	20.18×10^{-4}	8.95×10^{-4}	88.70	80.20	8.35	—
<0.074	20.17×10^{-4}	41.69×10^{-4}	5.73×10^{-4}	8.95×10^{-4}	17.25	17.63	2.37	—

①为了统一 *LHR* 计算基准，本书采用全粒级在去离子水下的润湿速率作为计算基准。

从图 2-13 及表 2-13 可知，当润湿探针液体为正十二烷作为时，0.250~0.125mm 粒级煤样的润湿速率最大（$135.11\times10^{-4}g^2/s$），其次为 0.125~0.074mm 粒级煤样（$103.74\times10^{-4}g^2/s$）。而大于 0.500mm 粒级煤样的润湿速率最低（$14.49\times10^{-4}g^2/s$）；以 α-溴代萘和甲酰胺为润湿液体时，0.125~0.074mm 粒级煤样的润湿速率最大，分别为 $189.65\times10^{-4}g^2/s$ 和 $20.18\times10^{-4}g^2/s$，其次为 0.250~0.125mm 粒级煤样，分别为 $159.57\times10^{-4}g^2/s$ 和 $14.20\times10^{-4}g^2/s$；同样大于 0.500mm 粒级煤样的润湿速率最小，分别为 $27.86\times10^{-4}g^2/s$ 和 $3.08\times10^{-4}g^2/s$。

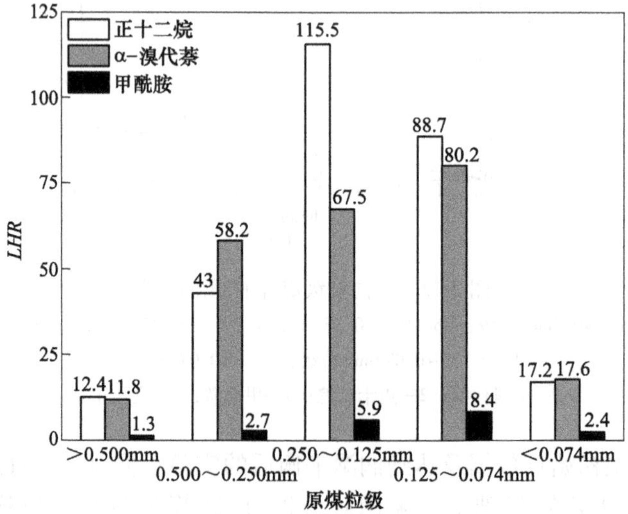

图 2-13　不同粒级煤样的 *LHR* 值

非极性的正十二烷和α-溴代萘对同一粒级煤样的润湿速率最高，而煤样与极性的甲酰胺之间的润湿速率相对较低。

从表2-13中的*LHR*的计算结果来看，各粒级煤样（除0.500~0.250mm粒级）探针液体的*LHR*关系基本保持如下：正十二烷 > α-溴代萘 > 甲酰胺。其中，0.074~0.045mm粒级煤样在正十二烷中的*LHR*值略小于α-溴代萘探针液下的*LHR*值。从探针液的分子结构上来看，α-溴代萘为溴取代芳香烃，甲酰胺为酰胺类，在分子结构上明显不同于浮选所用的烃类油捕收剂。由于浮选过程中所用的煤油捕收剂或柴油等直链烷烃在分子结构与正十二烷相似，因此，以正十二烷作为探针液体测的*LHR*值作为该低阶煤煤样的亲水亲油比值（*LHR*）。为了使得样品间的润湿性才具有可比性，有研究认为，测试样品的粒度分布应集中于10~50μm，因为此时样品中的有效毛细管半径较为相近[179]。由此结论出发，小于0.045mm粒级含量仅占低阶煤煤样的7.52%，当粒级范围放宽至小于0.074mm粒级时，其筛下累积含量也仅为34.21%，也不能使大部分粒级集中于上述粒度范围内，并且0.074~0.045mm及小于0.045mm粒级煤样在正十二烷中和α-溴代萘探针液下的*LHR*值相近，因此，低阶煤各粒级的*LHR*值分析不能完全反应各粒级间亲疏水性差异。在接下来的相应章节中，本书将采用诱导时间仪对各粒级的诱导时间进行测试，以表征各粒级间亲疏水性差异。

2.6.2.2 粉末接触角测试分析

在测量粉末接触角前，要保证所用探针液体的表面张力低于被测固体表面张力，或探针液体能在被测固体表面铺展。一般来说，大多数无机或有机固体表面的张力大于35mN/m，主要集中在40mN/m左右，因此，测试固体粉末接触角的探针液体的表面张力要低于40mN/m[179]。本书实验采用的基准液体正十二烷的表面张力仅为25.44mN/m，在3种探针液体中表面张力最低。因此，实测试过程中认为正十二烷是与煤粉完全润湿的探针液体，并将其粉末接触角假设为零[188, 199]。

由式（2-2）变形而得到的接触角计算公式为：

$$\cos\theta = \frac{k \times 2\eta}{c\rho^2\gamma} \tag{2-10}$$

利用式（2-10）并结合表2-13中的实验结果，计算得到的Washburn动态粉末接触角的余弦值见表2-14。

由表2-14可知，当以α-溴代萘为探针液体时，0.500~0.250mm和0.074~0.045mm粒级的粉末接触角余弦值出现了大于1的情况。可能是由于Washburn粉末接触角动态法测试过程的机械或实验操作误差所引起的，暂且还不能准确判断试验误差产生的原因，并且严格按照试验规程操作多次后仍不可以将此误差去除。在 Joskowska 和 Cichowska-Kopczynska 等人[200,201]测试聚合多孔材料的粉末接触角的实验中也出现过类似情形。

表 2-14　不同粒级煤样的 Washburn 动态粉末接触角的余弦值（20℃）

粒级/mm	几何因子 c /cm^5	$\cos\theta$			
		正十二烷①	α-溴代萘	甲酰胺	去离子水
>0.500	3.06×10^{-6}	1	0.95	0.10	0.081
0.500~0.250	10.63×10^{-6}	1	1.36	0.06	0.081
0.250~0.125	28.57×10^{-6}	1	0.58	0.05	0.081
0.125~0.074	21.94×10^{-6}	1	0.90	0.09	0.081
0.074~0.045	4.27×10^{-6}	1	1.02	0.14	0.081
<0.045	3.49×10^{-6}	1	0.97	0.19	0.081

①正十二烷的余弦值假定为 1。

2.6.2.3　低阶煤表面自由能和表面极性测试

为了计算低阶煤固体表面自由能及极性，本书采用上海中晨公司生产的 JC2000D 型增强型接触角测量仪对低阶煤样表面接触角进行测量[198,202]。由于固体表面接触角受其表面粗糙度及异质性的影响[194,203]，故本书采用密度小于 1.3g/cm^3的低灰（A_{ad}=1.91%）块煤进行接触角实验。实验前，低灰块煤采用砂纸（德国勇士 M5000）进行打磨，并采用原子力显微镜（AFM）对其表面粗糙度进行测试（见图 2-14）。低阶煤表面平均粗糙度的 AFM 测试结果为 225nm。

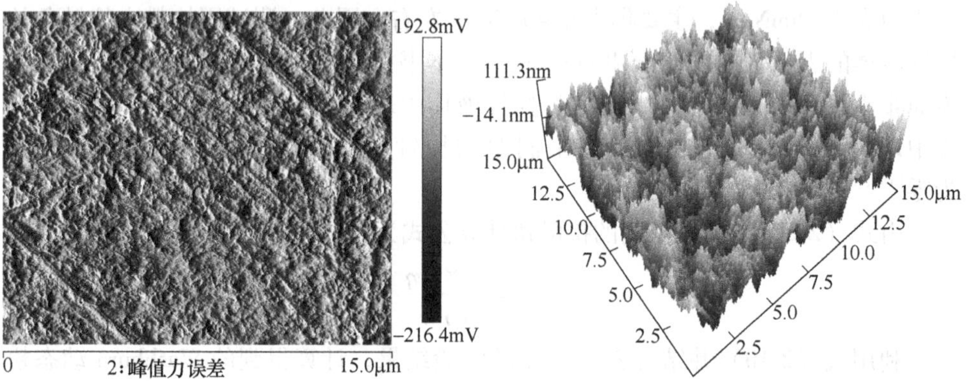

(a)　　(b)

图 2-14　低阶煤表面粗糙度测试

（a）全景扫描；（b）局部扫描

接触角的测试条件：测量范围为 0°~180°；测量精度为±0.1°；CCD 相机拍

摄速度为 25 帧/s；微量注射器体积为 100μL，最小精读 2μL；所用液滴体积为 4μL；测量温度为室温 20℃±0.5℃。每种探针液体至少测量 4 次，并取其算数平均值作为最终接触角数值。其测量结果列于表 2-15 中。

表 2-15 低阶煤煤样接触角（20℃）

煤样类型	接触角 θ/(°)		
	α-溴代萘	甲酰胺	去离子水
低灰块煤	11.47	13.34	63.99

为了形成一组三元一次方程，并以组分的平方根为未知数。本书将表 2-12 和表 2-15 中 α-溴代萘、甲酰胺和去离子水的物理参数和接触角分别代入式（2-8）中，通过求解方程组，进而得到低阶煤表面的自由能组分。连同文献报道中高岭石的表面自由能组分[179]，本书将式（2-9）计算得到的低阶煤表面极性数值一同列于表 2-16 中。

表 2-16 低阶煤煤样表面自由能组分及其表面极性（20℃）

样品类型	γ_S /mJ · m^{-2}	γ_S^{LW} /mJ · m^{-2}	γ_S^{AB} /mJ · m^{-2}	γ_S^+ /mJ · m^{-2}	γ_S^- /mJ · m^{-2}	表面极性 /%
低灰块煤	51.03	40.32	10.71	2.35	12.23	17.31
高岭石[179]	53.93	44.40	9.53	0.39	58.27	17.68

表 2-16 中，低阶煤煤样总表面自由能（γ_S）和非极性分散组分（γ_S^{LW}）与高岭石相近；低阶煤的极性组分（γ_S^{AB}）略高于高岭石，但高岭石的极性碱性分量（γ_S^-）要明显大于低阶煤。此外，低阶煤与高岭石的碱性分量均高于其酸性分量（γ_S^+）。高岭石属黏土矿物的，其酸性组分很小，而碱性分量明显大于低阶煤煤样。因此，实验计算所得的高岭石表面极性较低。同时，实验表明低阶煤煤样表面的极性与高岭石表面的极性相近。由于低阶煤煤粒表面自由能组分与高岭石相似，因此，在低阶煤的浮选过程中，高岭石将对其浮选效果产生显著影响。

2.6.3 低阶煤诱导时间测试

本书采用加拿大 Oil Sands Environment Development & Services Inc 生产的 2015EZ 型诱导时间仪对低阶煤的诱导时间进行测试，测试过程原理如图 2-15 所示。矿粒的疏水性可以用其浮选效果和诱导时间来表征。在一定的流体条件下，矿粒的诱导时间越短，其可浮性就越好[119]。2015EZ 型诱导时间仪测试过程参数如图 2-15 所示[120]。本书诱导时间测试过程中，各参数设置为：$d_b = 1.20$mm，

$h_0=0.20$mm，$H_0=0.30$mm 和 $u_a=u_r=2.0$cm/s。

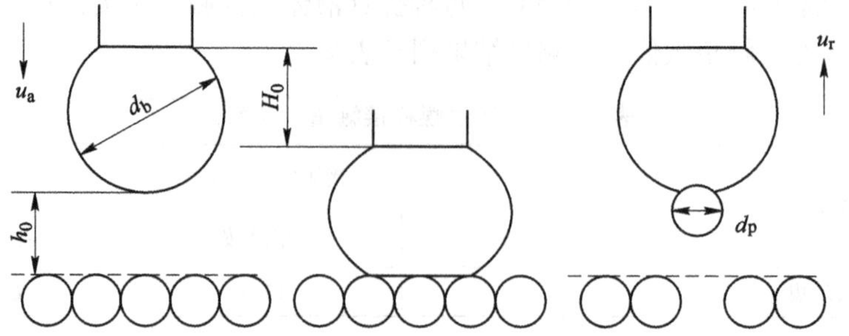

图 2-15 低阶煤-气泡间的诱导时间测试
h_0—气泡与床层初始距离；H_0—气泡位移量；d_b—气泡直径；
u_a，u_r—气泡接近矿粒床层和远离床层的速度

实验研究表明，颗粒的诱导时间不仅受其粒度的影响，还受其异质性的影响[112]。本书为了降低低阶煤异质性对其诱导时间的影响，采用了神东煤制油选煤厂的块煤煤样进行测试。首先对煤制油选煤厂块煤进行大浮沉试验，选取密度级小于 1.3g/cm^{3}的低灰（$A_{ad}=1.91\%$）块煤作为本章及后续章节所用试验物料。把密度级小于 1.3g/cm^{3}的低灰（$A_{ad}=1.91\%$）块煤进行手工破碎，然后通过标准套筛筛分后获取各个粒度级物料。低灰煤样的工业分析见表 2-17。诱导时间实验所用粒级为 0.500~0.250mm、0.250~0.125mm、0.125~0.074mm 和 0.074~0.045mm。为了测试所用煤样表面矿物质元素的相对含量，本书对 0.500~0.250mm 和 0.074~0.045mm 进行了宽程 XPS 扫描。通过 XPS 宽能谱扫描获得的碳、氧、铝和硅的相对含量见表 2-18。0.500~0.250mm 和 0.074~0.045mm 粒级的碳元素含量分别为 82.56%和 83.32%，氧元素含量分别为 15.86%和 14.89%。同时，0.500~0.250mm 和 0.074~0.045mm 粒级表面的硅和铝元素的总含量分别为 1.49% 和 1.79%。此外，0.074~0.045mm 粒级表面的硅含量是 0.500~0.250mm 粒级的 2 倍以上，这可能是在破碎过程更多矸石矿粒的解离所致。然而，0.500~0.250mm 和 0.074~0.045mm 粒级的硅和铝元素总含量仍然非常低。因此，XPS 分析结果表明，0.500~0.250mm 和 0.074~0.045mm 粒级表面的亲水性矿物颗粒含量很低。因而，低阶煤各粒级表面上亲水性颗粒的异质性对其诱导时间的影响可以忽略不计。

表 2-17 神东煤制油选煤厂低灰煤样工业分析

M_{ad}/%	V_{ad}/%	FC_{ad}/%	A_{ad}/%
6.07	38.79	53.23	1.91

表 2-18 低阶煤 0.500~0.250mm 和 0.074~0.045mm 粒级的 XPS 分析 （%）

粒 级	C1s	O1s	Si2p	Al2p
0.500~0.250mm	82.56	15.86	0.50	1.08
0.074~0.045mm	83.32	14.89	1.16	0.63

为了表征低阶煤颗粒表面的天然亲疏水性，所有粒级的诱导时间测试都在去离子水溶液中进行。在每个粒级的床层上测试 10 个点，每个点测试 10 个诱导时间值，诱导时间设置为 65~110ms，间隔为 5ms，并绘制黏附成功率-诱导时间关系图。黏附成功率计算公式如下：

$$黏附成功率 = \frac{k}{n} \times 100\% \quad (2\text{-}11)$$

式中，n 为每个测试点的测试次数（10 次）；k 为每个测试点的黏附成功次数。

诱导时间测试结果如图 2-16 所示。

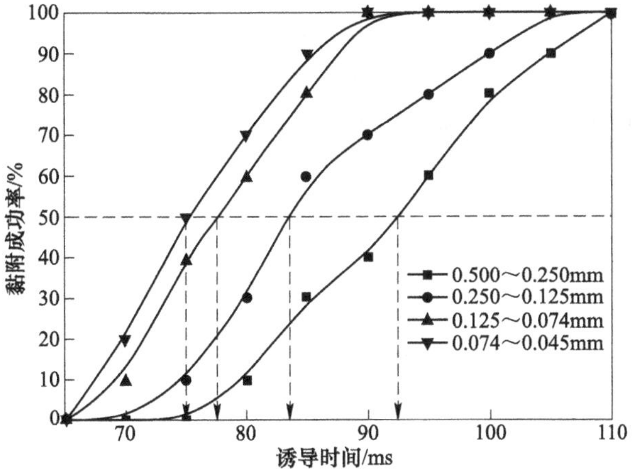

图 2-16 不同粒级黏附成功率-诱导时间关系曲线

低阶煤单个粒级的最大诱导时间是黏附成功率-诱导时间关系曲线上黏附成功率为 100%时所对应的时间。图 2-16 表明，0.500~0.250mm 粒级的最大诱导时间为 110ms，而随着粒级的减小，诱导时间下降到 90ms（0.074~0.045mm）。同时，随着粒级的减小，相邻粒级的最大诱导时间差值从 0.500~0.250mm 和 0.250~0.125mm 粒级之间的 5ms 降低到了 0.125~0.074mm 和 0.074~0.045mm 粒级之间的 0ms。本书约定当单个粒级的黏附成功率为 50%时所对应的时间为本粒级的诱导时间。据此，从各粒级的黏附成功率-诱导时间关系曲线上可知：从粗粒级（0.500~0.250mm）到细粒级（0.074~0.045mm）的诱导时间分别为 92.42ms、83.50ms、77.55ms 和 75.00ms；同时，相邻粒级的平均诱导时间差值为 9.00ms、6.00ms 和 2.55ms。由此可见，相邻粒级的平均诱导时间差值随粒级的减小而逐渐降低。在矿化过程中，从粗颗粒与气泡之间润湿膜变薄，到形成稳定的润湿周长及稳定的颗粒-气泡聚集体，粗颗粒可能需要更长的黏附时间来克服其与气泡之间的惯性质量力[109, 204]。Miller 等人[205, 206]测试了具有中等挥发分的烟煤的诱导时间为 25~45ms；Fan 等人[207]测试了具有高挥发分的烟煤的诱导时间为 0.8~2.3ms，石墨的诱导时间为 0.3ms。由此可见，本书采用的低阶煤表面疏水性差，因而，在浮选过程中，低阶煤煤粒难以与气泡黏附，从而影响其浮选效果。

2.7　低阶煤的可浮性研究

通过前期常规浮选机的探索性实验，本书为了表征低阶煤颗粒的可浮性，确立了如表 2-19 所示的浮选试验条件。并采用了如图 2-17 所示的浮选流程，对大柳塔煤泥进行了浮选速度试验。依据大柳塔煤泥的浮选试验结果绘制的可浮性曲线如图 2-18 所示。

表 2-19　浮选速度试验条件

项　目	捕收剂	起泡剂	矿浆浓度	叶轮转速	充气量
条　件	柴油（20kg/t）	MIBC（200g/t）	60g/L	2000r/min	$0.2m^3/h$

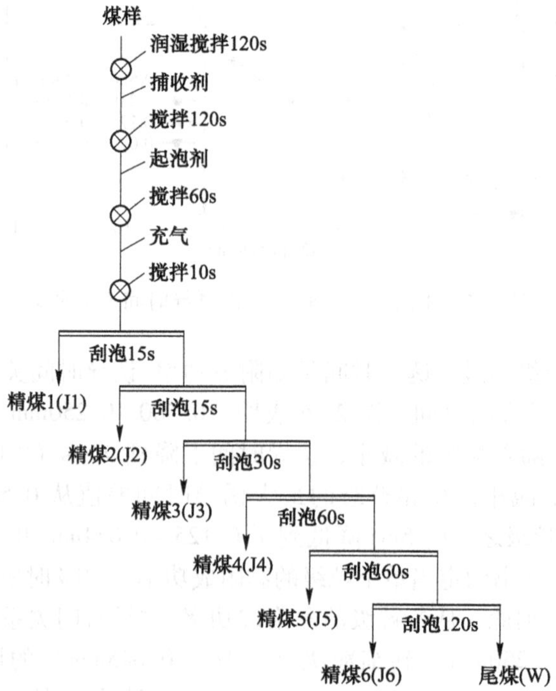

图 2-17　浮选速度试验流程

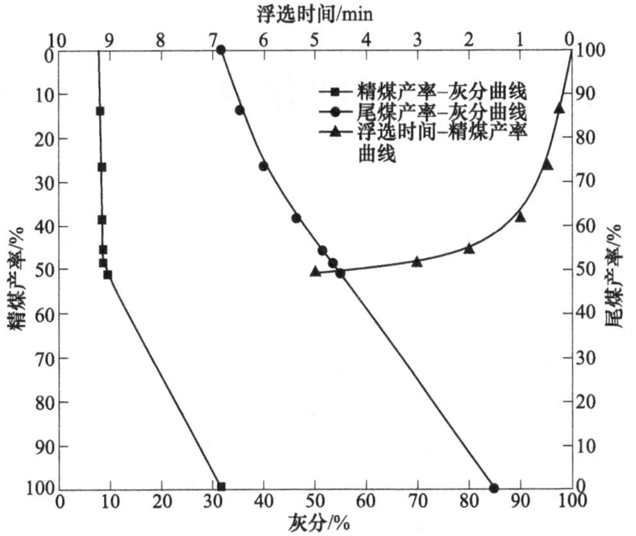

图 2-18 低阶煤样的可浮性曲线

依据浮选速度试验结果及可浮性曲线，当设定选煤厂精煤灰分为 11.4%作为考核指标时，从煤样的可选性曲线上获得精煤产率为 54.8%，此时精煤可燃体回收率的 E_c 值为 71.29%。依据我国煤炭可浮性评定指标[208]（见表 2-20），本书采用的煤泥的可浮性属于中等可浮。

表 2-20 煤泥可浮性分类及评判标准[208]

可浮性分类	易浮	中等可浮	难浮	最难浮
精煤可燃体回收率（E_c）	>85	70~85	40~70	<40

3 低阶煤-气/油泡矿化过程研究

了解浮选过程中气泡-颗粒相互作用是非常重要的，特别是在有价值矿物回收、细粒煤分选提质、废纸脱墨、废水处理及油砂分选等浮选过程中[209~211]。气泡-颗粒间的相互作用涉及碰撞、黏附和分离过程，并且黏附过程是浮选成功分离最关键的过程，但是由于颗粒和气泡的表面化学性质的复杂性，故我们对气泡-颗粒黏附过程尚缺乏认识[109]。气泡-颗粒间相互作用过程包括三个基本子过程：气泡和颗粒之间的润湿水化膜变薄、润湿水化膜的破裂和气-液-固三相接触边的铺展及形成[112,139]。前两个子过程的时间尺度被称为诱导时间，而涉及所有三个子过程的时间尺度被称为黏附时间。事实上，气泡-颗粒间的黏附时间最初被称为诱导时间，这两个时间尺度可以互换使用，并没有适当的定义区分二者。早期通常使用 Glembotsky 开发的设备来测量黏附时间[212]。现行诱导时间测试设备并不能将矿化的三个过程区分开来，因此，测量的诱导时间包含上述三个基本子过程。为了揭示低阶煤-气/油泡间的矿化过程，本章分别论述气/油泡在低阶煤表面以及低阶煤颗粒-气/油泡间的铺展及矿化过程。

3.1 低阶煤表面粗糙度处理及分析

3.1.1 低阶煤煤样表面处理

煤是有机质与矿物质的混合体，故煤表面的亲疏水性不仅受表面有机官能团的影响，还受其表面亲水矿物颗粒的影响。为了研究低阶煤表面含氧官能团对颗粒-气/油泡之间矿化过程的影响，并降低颗粒表面矿物颗粒产生的异质性对颗粒-气/油泡矿化过程的影响，本书预先对煤制油选煤厂块煤煤样进行低密度（小于 1.3g/cm^3）浮沉处理，低于 1.3g/cm^3 密度级的煤样用于气/油泡矿化过程实验；然后，使用德国斗牛士牌砂纸对小于 1.3g/cm^3 的煤样进行表面打磨处理。打磨过程中，砂纸表面的目数分别为 220、2000、3000 和 5000。对打磨后的低阶煤表面进行 XPS、SEM 及 AFM 分析，以表征低阶煤表面的异质性、形貌特征及粗糙度情况。

3.1.2 低阶煤表面 XPS 分析

由于本节所用的煤样与 2.6.3 小节中用于诱导时间测试的煤样一致。故本节所用的低阶煤块煤的 XPS 分析取表 2-18 中粗粒级（0.500~0.250mm）的 XPS 测试结果。低阶煤表面的碳、氧、铝及硅元素的含量见表 3-1。其中，低阶煤表面的碳和氧的含量分别为 82.56%和 15.86%，而铝和硅的总量仅为 1.58%。并且由表 2-17 可知，小于 1.3g/cm^3 密度级的煤样的灰分仅为 1.91%。因此，通过 XPS 分析可知小于 1.3g/cm^3 密度级的煤样表面含有很少的亲水性矿物质。

表 3-1 低阶煤煤样表面宽程扫描结果 (%)

C1*s*	O1*s*	Si2*p*	Al2*p*
82.56	15.86	0.50	1.08

由文献可知，C1*s* 和 O1*s* 的峰能为 285eV 和 533eV[213,214]。小于 1.3g/cm^3 密度级煤样表面的宽程能谱扫描结果如图 3-1 所示。由图 3-1 可见低阶煤表面的碳、氧、铝及硅元素的峰能与文献报道相符[215,216]。小于 1.3g/cm^3 密度级煤样表面的含 C 官能团如图 3-2 所示。结合相关文献可知，在小于 1.3g/cm^3 低阶煤表面存在着 C—C 或 C—H、C—O、C═O 或 O—C—O 及 COOH 官能团[215,217]。通过分峰拟合后，各官能团含量见表 3-2。由表 3-2 可知，C—C 或 C—H 官能团的含量为 67.35%，含氧官能团的含量为 32.65%。C—O、C═O 或 O—C—O 及 COOH 含量分别为 22.82%、9.32%和 0.51%。由此可知，小于 1.3g/cm^3 低阶煤表面的主要含氧官能团为 C—O 和 C═O。由上述分析可知，这些与 C 结合的亲水性含氧官能团将对气/油泡在低阶煤表面的铺展行为产生影响。

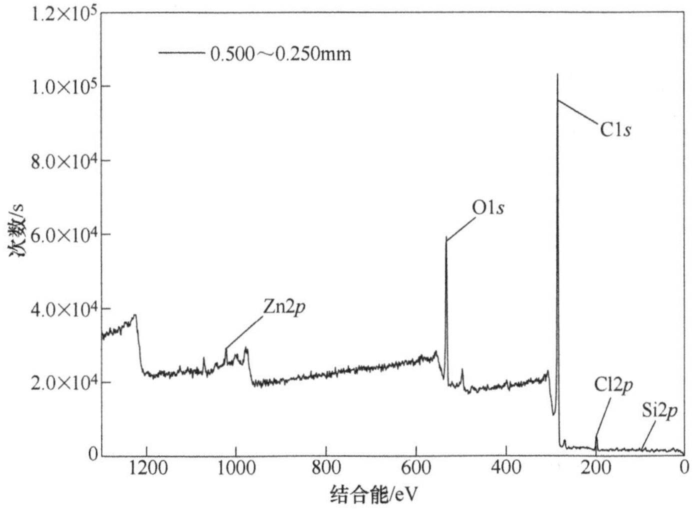

图 3-1 低阶煤表面宽程能谱扫描结果

表 3-2 低阶煤煤样表面含 C 官能团扫描结果 (%)

C—C，C—H	C—O	C═O	COOH
67.35	22.82	9.32	0.51

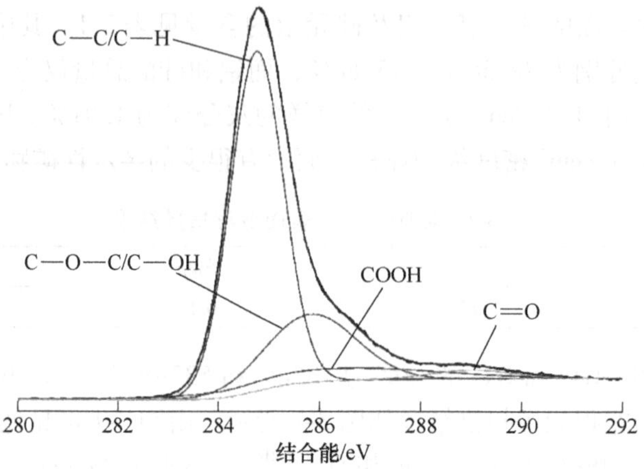

图 3-2　低阶煤表面 C1*s* 峰扫描结果

3.1.3　低阶煤表面形貌的 SEM 分析

为了表征打磨后的小于 1.3g/cm^3 低阶煤表面形貌特征，本书采用 SEM 对其进行分析，图像扫描的放大倍数为 500 倍和 2000 倍。具有不同目数砂纸打磨后的表面分别表示为 C220、C2000、C3000 及 C5000。如图 3-3 所示，C220 表面不仅具有很深的划痕，同时还发现其表面还存在很多的小凸起。随着砂纸目数的增加，可以发现在 C2000 表面上，很深的划痕已经消失，但是其表面上还是存在大量的凸起。随着砂纸目数进一步的增加，C3000 表面的深划痕已经消失并且凸起也明显减少。较其他打磨后的低阶煤表面，C5000 表面上的划痕及凸起明显消失。

图 3-3　不同表面粗糙度的低阶煤表面 SEM 图像
（C220 和 C2000 的放大倍数为 500 倍；C3000 和 C5000 的放大倍数为 2000 倍）
（a），（b）C220；（c），（d）C3000；（e），（f）C2000；（g），（h）C5000

相关研究表明，在溶液中固体表面的凹槽中驻存的气体能够促进气泡在固体表面的黏附过程；固体表面的凸起决定了气泡在固体表面的铺展速度及黏附半径[218]。因此，在不同粗糙度的低阶煤表面上，气/油泡具有不同的铺展行为。

3.1.4 低阶煤表面粗糙度的 AFM 测试

为了表征打磨后的小于 1.3g/cm^3 低阶煤的表面粗糙度情况，本书采用 AFM（Bruker Dimension Icon，USA）对其进行分析。在 AFM 的粗糙度测量过程中，探针尖端与测试样品表面接触，同时在压电扫描仪的驱动下，探针以光栅形式对样品表面进行扫描[219]。打磨后的小于 1.3g/cm^3 低阶煤表面粗糙度三维扫描结果如图 3-4 所示。从图 3-4 可以发现，随着打磨目数的增加，低阶煤表面的大的凸起逐渐减小，而且凸起间的距离也逐渐减小。C220、C2000、C3000 及 C5000 的表面粗糙度测量值分别为 2010nm、1259nm、803nm 及 225nm。

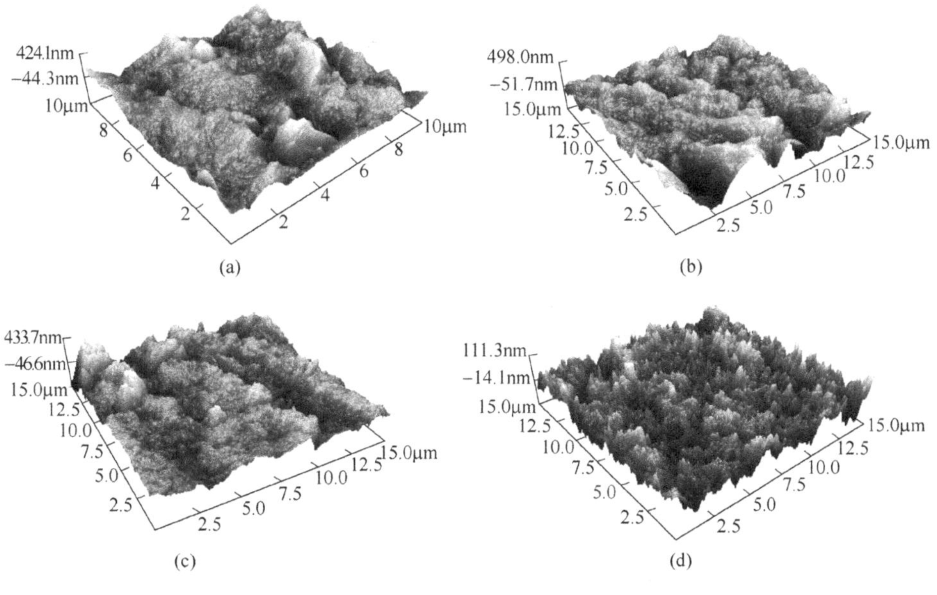

图 3-4 低阶煤表面粗糙度三维扫描图像

（a）C220；（b）C2000；（c）C3000；（d）C5000

3.2 气/油泡在低阶煤表面铺展过程研究

为了表征气泡与低阶煤颗粒间的矿化过程，本书利用高速摄像技术研究了气/油泡在低阶煤表面的铺展行为，实验装置如图 3-5 所示。其中，气泡与打磨后的低阶煤表面之间的距离约为 10cm。低阶煤颗粒-气泡间的矿化过程分别在去离子水及 1-十二胺盐酸盐（DAH）溶液中进行。其中，DAH 溶液的浓度为 10^{-3}mol/L。气泡在去离子水及 DAH 溶液的形状如图 3-6 所示。本书所用的高速摄像机为

BASLER 公司生产的 acA640-750μm 型高速摄像机，最大帧数为 750fps。本节拍摄所使用的帧数为 750fps，故相邻帧间的时间间隔为 1.33ms。

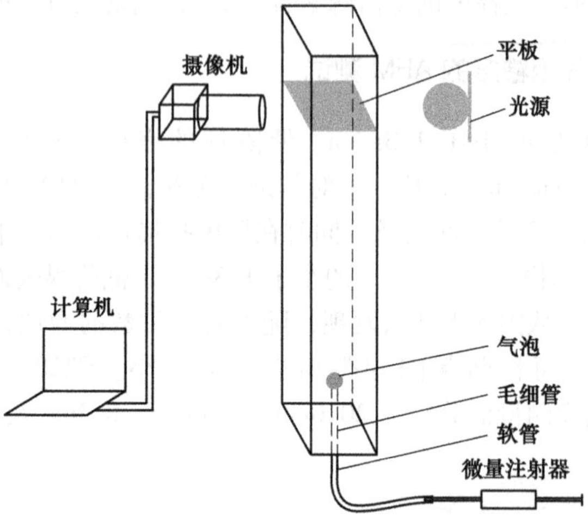

图 3-5　气泡在低阶煤表面的铺展行为测试装置

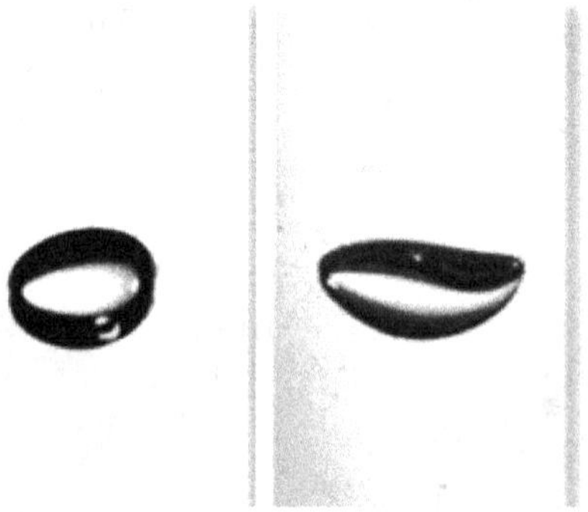

(a)　　(b)

图 3-6　气泡在不同溶液中的形状
（a）DAH 溶液（10^{-3}mol/L）；（b）去离子水

气泡尺寸采用式（3-1）进行表示。由图 3-6 可以观察到，在去离子水中气泡的水平方向尺寸（d_h）明显大于垂直方向尺寸（d_v）。在高浓度的 DAH 溶液中，气泡趋于球形。在运动过程中，气泡水平方向尺寸（d_h）略大于垂直方向尺寸（d_v）。

$$R_b = \frac{1}{n}\sum_{i=1}^{n}\left[\frac{(d_v)_i}{2}\left(\frac{(d_h)_i}{2}\right)^2\right]^{1/3} \tag{3-1}$$

式中，R_b 为气泡半径；d_h为气泡水平方向尺寸；d_v为竖直方向尺寸。

由式（3-1）计算可知，气泡在去离子水中的半径为（0.90±0.082）mm；气泡在 DAH 溶液中的半径为（0.58±0.031）mm。由于气泡在去离子水中水平方向上的尺寸远大于其竖直方向上的尺寸，因此去离子水中气泡的半径约为在 DAH 溶液中的气泡半径的 1.5 倍。

3.2.1 气泡在低阶煤表面铺展过程

去离子水溶液中，单泡在不同粗糙度低阶煤表面的铺展过程如图 3-7~图3-10 所示。图 3-7~图 3-10 中 t=0ms 为气泡处于最大形变条件下与低阶煤表面的初次接触时刻。气泡在 C220、C2000、C3000 和 C5000 表面上的第一次和第二次碰撞的时间间隔分别为 37.24ms、31.92ms、33.25ms 和 23.94ms。其中，气泡在 C220 表面上的第一次和第二次碰撞的间隔时间最长，而在 C5000 表面上的碰撞时间间隔最短。试验表明，气泡与 C220 表面碰撞时，其动能被轻微消散，而与 C5000 表面碰撞时，其动能被显著消散。同时也表明，光滑的低阶煤表面可以明显降低气泡动能。上述 SEM 和 AFM 分析表明，C220 表面存在的大量凸起可能会降低气泡与 C220 表面的真实接触面积。相反，C5000 的表面比 C220 的表面平滑得多，碰撞过程中气泡与 C5000 表面的接触面积大。因此，通过上述分析可知，气泡与 C220 表面碰撞时，其动能被轻微降低。

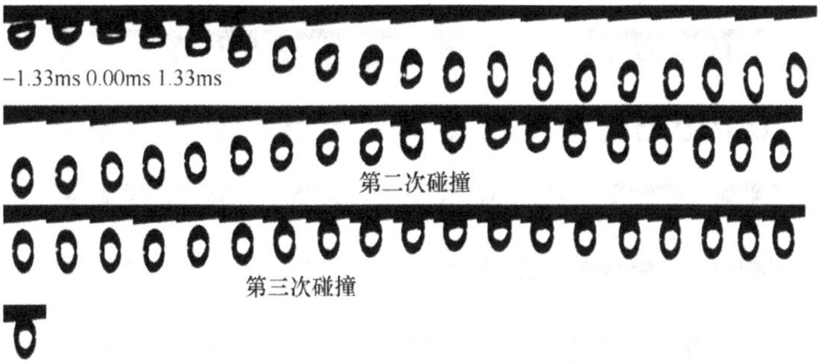

图 3-7 气泡在 C220 表面的碰撞、反弹及 TPC 铺展过程（Δt=1.33ms）

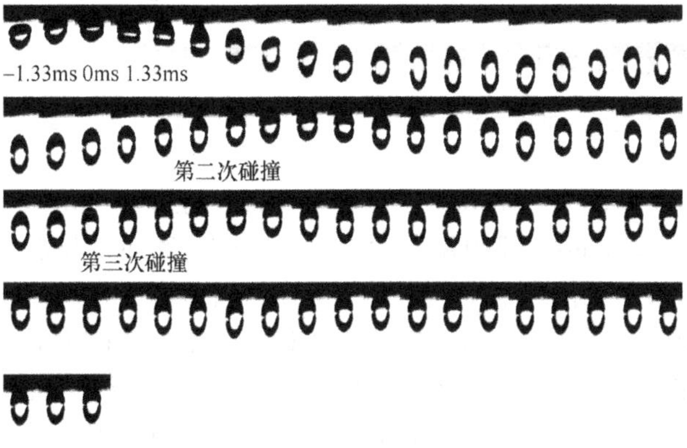

图 3-8 气泡在 C2000 表面的碰撞、反弹及 TPC 铺展过程（Δt=1.33ms）

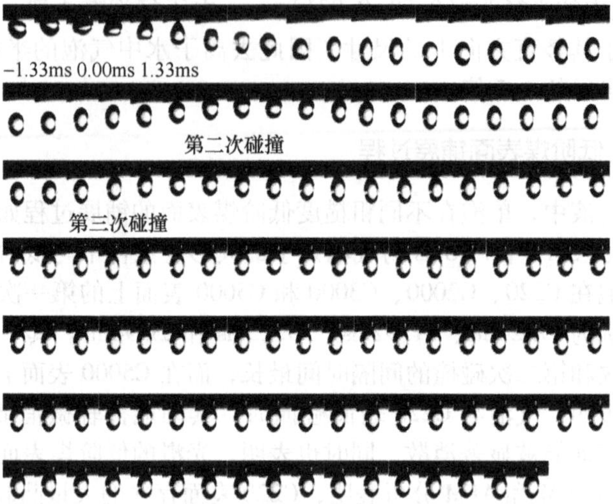

图 3-9　气泡在 C3000 表面的碰撞、反弹及 TPC 铺展过程（$\Delta t=1.33$ms）

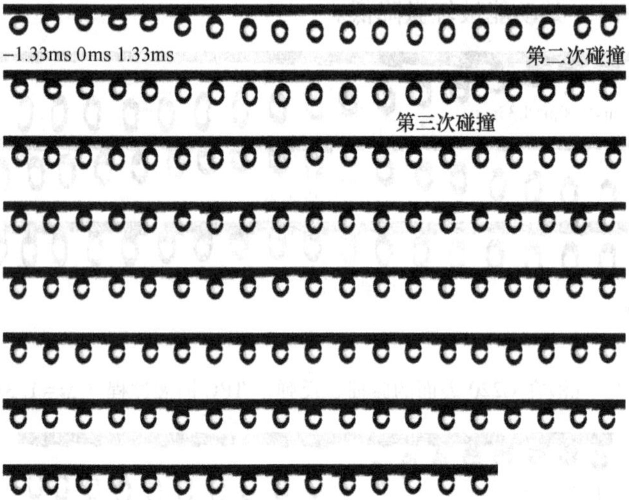

图 3-10　气泡在 C5000 表面的碰撞、反弹及 TPC 铺展过程（$\Delta t=1.33$ms）

气泡在 C220、C2000、C3000 和 C5000 表面上的第二次和第三次碰撞之间的时间间隔分别为 22. 61ms、23. 94ms、22. 61ms 和 21. 28ms。试验分析表明，在第二次碰撞后，气泡的动能在上下运动的过程中被流体阻力进一步消散。在气泡与低阶煤表面的第三次碰撞前，其动能非常接近。自第三次碰撞后，气泡开始在低阶煤表面进行黏附、铺展及三相接触的周边形成。如图 3-11 所示，随着低阶煤表面粗糙度的增加，气泡在其表面的铺展直径从 1. 53mm 降低到 1. 10mm，而铺展平均速度从 9. 92mm/s 提高到 57. 74mm/s。由于粗糙固体表面上的凸起处水化膜更容易在碰撞的过程中破裂，因此，气泡在固体表面的铺展直径随着粗糙度的增加而降低，而平均铺展速度则会增加[218]。上述 SEM 和 AFM 测量的分析结果表明，当低阶煤表面粗糙时，特别是在 C220 低阶煤表面上存在不同尺寸（高度和宽度）的裂隙（柱状或突起）。此外，随着固体表面粗糙度的降低，水化膜的稳定性会逐渐增加[138,218]。

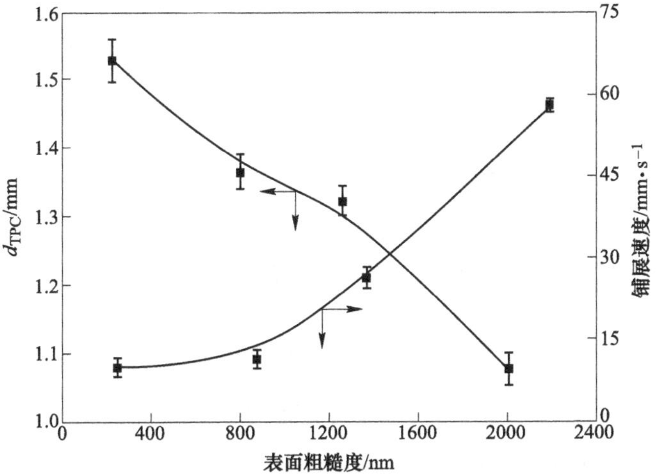

图 3-11 气泡在不同粗糙度低阶煤表面上的最终铺展直径及平均铺展速度

3.2.2 油泡在低阶煤表面铺展过程

去离子水溶液中，单个油泡（气泡表面覆盖一层煤油）在不同粗糙度低阶煤表面的铺展过程如图 3-12～图 3-15 所示。由于油泡表面的强疏水性，在其与低阶煤表面接触过程中没有观察到反弹现象；同时还可以观察到，随着低阶煤表面粗糙度的降低，油泡的铺展过程所需时间逐渐增加。由于低阶煤表面粗糙度的降

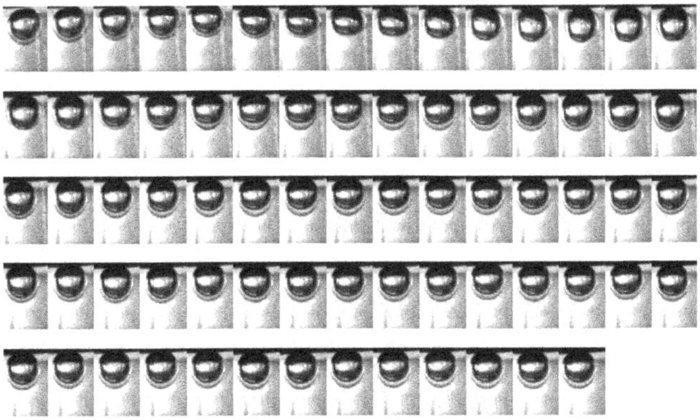

图 3-12 油泡在 C220 表面的碰撞及 TPC 铺展过程（$\Delta t = 1.33$ms）

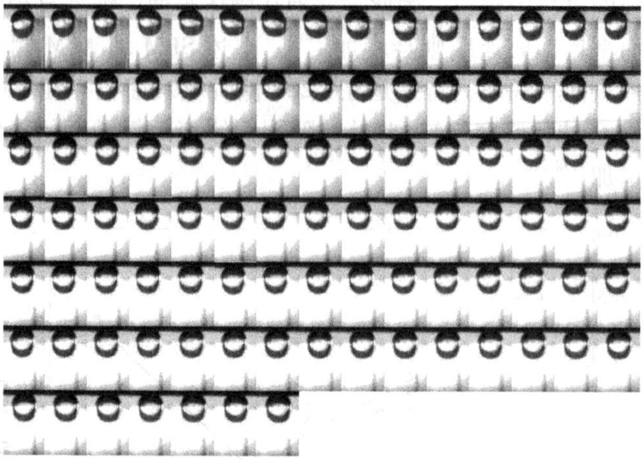

图 3-13　油泡在 C2000 表面的碰撞及 TPC 铺展过程（$\Delta t = 1.33ms$）

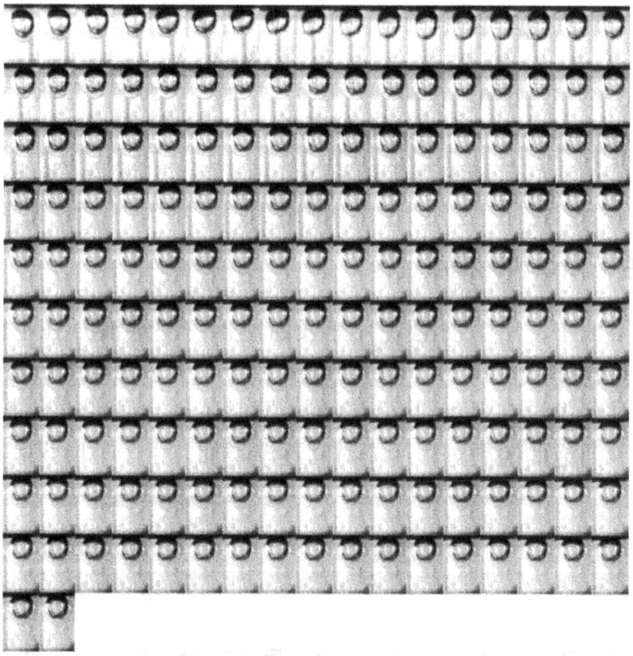

图 3-14　油泡在 C3000 表面的碰撞及 TPC 铺展过程（$\Delta t = 1.33ms$）

低，其表面的水化膜厚度增大及其稳定性增强[94,138,218]，因而，油泡在较光滑的低阶煤表面的铺展过程较长。油泡在低阶煤表面的铺展长度如图 3-16~图 3-19 所示。这里需要指出的是，由于煤颗粒不同于透明的石英矿物质，故实验过程中无法从打磨后的低阶煤平面的正上方来拍摄气泡或油泡在低阶煤表面的铺展周长。

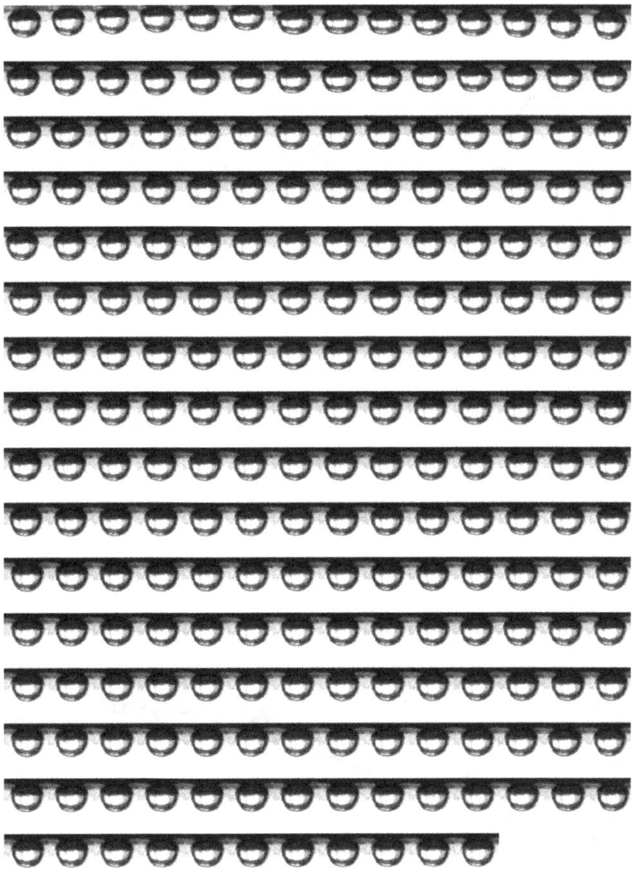

图 3-15 油泡在 C5000 表面的碰撞及 TPC 铺展过程（$\Delta t = 1.33$ms）

因此，本书所说的铺展长度指的是气泡或油泡与打磨的低阶煤表面的接触周边的水平投影长度。

图 3-16~图 3-19 中的波峰和波谷为油泡在低阶煤表面的震荡过程，S 点为油泡结束震荡并开始铺展的临界点。油泡在 C220 和 C2000 表面上大约经过 3 个震荡周期（一个波峰加一个波谷），而油泡在 C3000 和 C5000 表面上大约经过 2 个震荡周期。油泡在较光滑低阶煤表面震荡周期的减少，可能因为光滑的低阶煤表面与油泡碰撞时接触面积较大，因而，油泡表面的动能衰减较快，故震荡周期从 3 个降低到 2 个。

油泡在 C220、C2000、C3000 及 C5000 表面的铺展 S 点时间分别约为 60ms、47ms、40ms 及 50ms，最终铺展长度分别约为 2.0mm、2.0mm、2.0mm 及 2.4mm。油泡在 C220 表面上的 S 点时间值最大，这是由于油泡在粗糙的低阶煤表面上的能量衰减较慢，因而震荡时间较长。油泡在 C5000 表面上的 S 点时间值

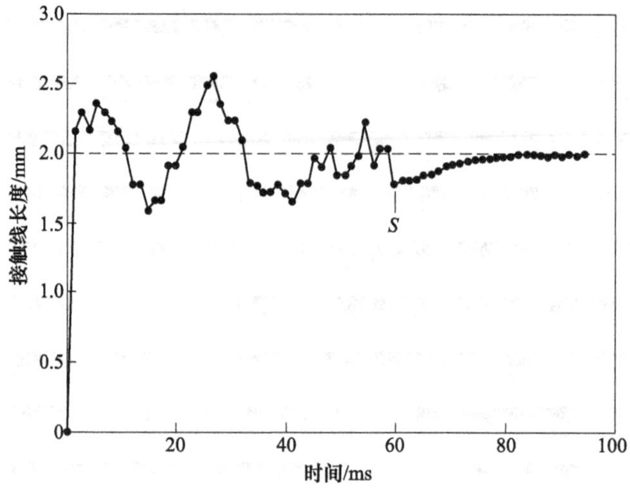

图 3-16　油泡在 C220 表面的铺展长度

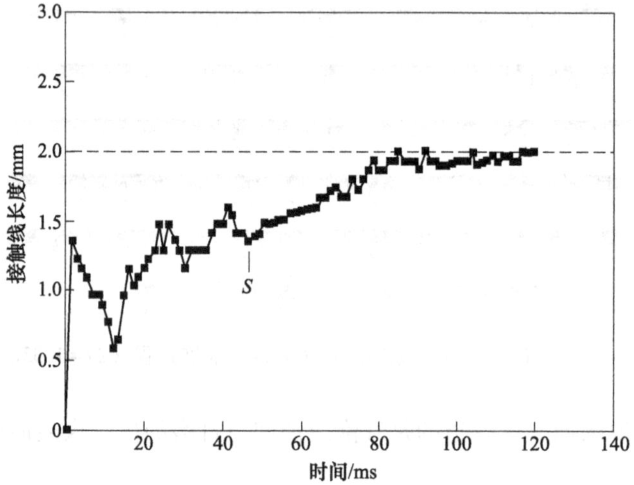

图 3-17　油泡在 C2000 表面的铺展长度

次之，这是由于在光滑的低阶煤表面上的水化膜厚度较大，较稳定较高，因此，油泡的震荡周期较长。从最终铺展长度可以看出，由于油泡表面的强疏水性，油泡在 C220、C2000 及 C3000 表面的最终铺展长度（2.0mm）相近，而在光滑表面 C5000 上的铺展长度（2.4mm）较大。同时还可以发现油泡在粗糙表面 C220 上的震荡峰值要高于其最终铺展长度值（2.0mm），而油泡在其他低阶煤煤表面上的震荡峰值都要低于其最终铺展长度值。这是由于油泡在粗糙的低阶煤表面上的能量衰减较慢，震荡幅度大。

通过比较气泡及油泡在低阶煤表面的铺展过程可以发现，由于油泡表面的强

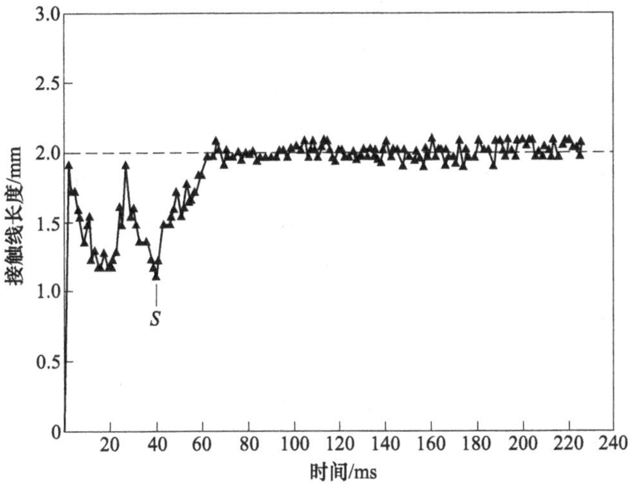

图 3-18　油泡在 C3000 表面的铺展长度

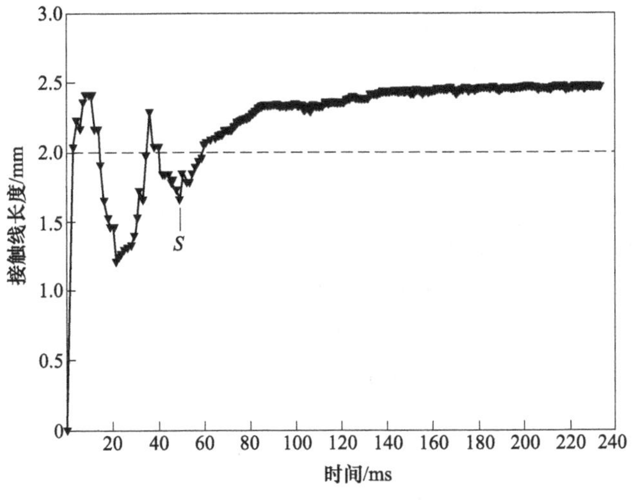

图 3-19　油泡在 C5000 表面的铺展长度

疏水性，并没有发现油泡被反弹的现象。油泡在与低阶煤表面的碰撞黏附过程中没有被反弹的情况从另一个方面表明，油泡与低阶煤表面的水化膜在较短的时间内发生了破裂。因此，在接下来的小节中将重点讨论气/油泡与低阶煤颗粒间疏水力对其矿化过程的影响。

3.3　气/油泡在低阶煤表面的铺展过程模型

润湿是液体置换固体表面气相的过程，而去润湿是气相置换固体表面液相的相反过程。这两个过程已被国内外许多学者广泛研究[220,221]。润湿和去湿是许多工业过程的核心，包括从液体涂料到三次采油，以及油墨颗粒、油滴及矿物的泡沫浮选分离过程[222]。绝大多数对润湿和去湿过程的研究集中在具有较大至无限曲率半径的三相接触周边（TPC）的运动过程。其中一小部分的研究已经解决了小半径的三相接触周边的润湿和去润湿过程。这类润湿和去润湿过程的特点是润湿周长的半径小，其过程包括润湿过渡、相形成、成核或凝结以及矿物浮选分离中的气泡-颗粒相互作用，其中多相接触的形成或消失时有发生。但小半径的润湿和去湿过程还没有被完全理解[222]。

本节记录了气/油泡的 TPC 半径随时间变化直至达到稳定状态，然后基于流体动力学和分子动力学理论模型，将实验结果与模型预测进行分析比较，并将动态接触角与 TPC 线速度相关联。

3.3.1　流体动力学模型

在实验过程中，主要测量气/油泡与低阶煤表面之间的 TPC 半径运动过程与时间的函数关系。因此，选择合适的模型来描述 TPC 半径运动过程尤为关键。通常，以时间（t）为变量的 TPC 径向位置（r）表达如下：

$$r(t) = \int_0^t U \mathrm{d}\tau \tag{3-2}$$

式中，U 为 TPC 瞬时径向运动速度；τ 为时间积分变量。

为了预测以时间为函数的 TPC 线的径向位置，首先需要确定 U 的函数表达式。本书利用流体力学理论和分子动力学理论预测 TPC 径向运动速度。这有利于理论分析和实验数据之间的比较。流体力学理论解决了控制流体耗散的连续性和斯托克斯方程，并将 TPC 径向运动速度与动态接触角（θ）相关联。TPC 径向运动速度与毛细管数（C_a）关系如下：

$$C_a = \frac{U\mu}{\sigma} \tag{3-3}$$

式中，μ 为液体黏度；σ 为气-液界面张力。

流体动力学理论给出了毛细管数（C_a）与动态接触角（θ）之间关系：

$$g(\theta_{\mathrm{m}}) - g(\theta) = C_a[\ln(R/L) + Q] + O(C_a^2) \tag{3-4}$$

式中，R/L 为特征长度与滑移长度比值；Q 为 TPC 铺展过程中内部区域耗散参数；θ 为动态接触角；θ_{m}为 PC 铺展过程中内部区域的微观接触角；$O(C_a)$ 为无穷小项。

式（3-4）中 θ 和 θ_{m}的区别如图 3-20 所示。

对于气-液系统，式（3-4）中的函数 $g(x)$ 表达式为：

$$g(x) = (1/2)\int_0^x [(z/\sin z) - \cos z]\mathrm{d}z \tag{3-5}$$

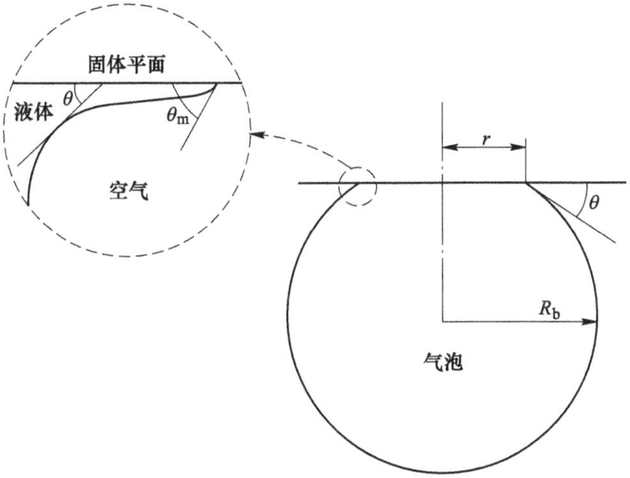

图 3-20 在固体表面铺展过程中外部动态接触角和内部微观接触角[223]

式（3-5）不可积，但是可以使用麦克劳林级数展开得到其近似值，表达式如下：

$$g(x) = x^3/9 + O(x^5) \tag{3-6}$$

式（3-6）非常精确，当 $x \leqslant 0.8\pi$ 时，计算相对误差小于 4%。把式（3-6）的变量替换为 θ 和 θ_m 并代入式（3-4），联合式（3-3）可得到 TPC 瞬时径向运动速度（U）为：

$$U = \frac{(\theta_m^3 - \theta^3)\sigma}{9\ln(R/L)\mu} + \cdots \tag{3-7}$$

由于式（3-4）中的 Q 项远小于 $\ln(R/L)$ 项，故式（3-7）省略了 Q 项。把式（3-7）代入式（3-2）可得 TPC 径向位置（r）表达式：

$$r(t) = \frac{\sigma}{9\ln(R/L)\mu}\int_0^t [\cos\theta_m^3 - \cos\theta^3(t)]\mathrm{d}\tau \tag{3-8}$$

流体动力学理论模型解释了接近三相接触周边处（气液弯月界面）的动态接触角变化。然而，在实际应用中，当 TPC 接触周边的外部动态接触角（θ）稳定后，很难测量到 TPC 接触周边的内部微观接触角（θ_m），可得到杨氏接触角（θ_0）。实验研究表明微观接触角的值也接近于气泡与玻璃表面间的杨氏接触角[224]。拟合过程中常用杨氏接触角（Wilhelmy 平板技术测量的接触角）取代流体动力学模型中的微观接触角[224,225]。故在本书中，式（3-8）中的内部微观接触角（θ_m）被杨氏接触角（θ_0）代替：

$$r(t) = \frac{\sigma}{9\ln(R/L)\mu}\int_0^t [\cos\theta_0^3 - \cos\theta^3(t)]\mathrm{d}\tau \tag{3-9}$$

3.3.2 分子-动力学模型

润湿/去湿过程的分子模型是基于 TPC 接触周边处单个分子位移情况[226,227]。动态接触角的速度主要依赖于 TPC 接触周边处吸附平衡状态到扰动的情况。TPC 接触周边处吸附的非平衡状态，主要是由于接触周边处张力的不平衡引起的。分子模型中的 TPC 接触周边运动速度表达式为：

$$U = 2K\lambda \sinh\left[\frac{\sigma\lambda^2}{2k_B T}(\cos\theta_0 - \cos\theta)\right] \tag{3-10}$$

式中，K 为分子位移的频率；λ 为分子平均跳跃距离；k_B为波耳兹曼常数；T 为开尔文绝对温度；θ_0 为杨氏接触角（热力学接触角）。

其中，杨氏接触角（θ_0）定义如下：

$$\theta_0 = a\cos\frac{\sigma_{sg} - \sigma_{sl}}{\sigma_{gl}} \tag{3-11}$$

式中，σ_{gl}、σ_{sg}和 σ_{sl}分别为气-液、固-气和固-液界面张力。

与流体动力学模型相似，TPC 径向位置（r）的分子动力学模型表达式为：

$$r(t) = 2K\lambda \int_0^t \sinh\left\{\frac{\sigma\lambda^2}{2k_B T}[\cos\theta_0 - \cos\theta(t)]\right\} d\tau \tag{3-12}$$

3.4 气/油泡在低阶煤表面的铺展拟合

由图 3-7~图 3-10 可以看出，当低阶煤表面较为粗糙时，气泡在低阶煤表面上的铺展长度较小且气液界面接触点很不规则。因而，在较粗糙的低阶煤表面测量的动态接触角误差较大。为了降低气/油泡在低阶煤表面的矿化拟合误差，本节只拟合了气/油泡在 C5000 表面的矿化过程。

3.4.1 气泡在低阶煤表面铺展拟合

气泡在 C5000 表面的震荡及铺展过程如图 3-21 所示。图 3-21 中气泡在震荡及铺展过程是自气泡第三次与 C5000 表面接触时刻起。由图 3-21 可以观察到，气泡经历三次震荡后才开始在低阶煤表面铺展。气泡开始铺展时间为 35.91ms，起始铺展长度约为 0.76mm，最终铺展长度为 1.53mm。为了便于拟合气泡在低阶煤表面的铺展过程，本节选取 35.91ms 时刻及后续的气泡铺展长度及动态接触角数据。选取的气泡铺展长度及动态接触角如图 3-22 所示。由图 3-22 可知，随着铺展长度的增加，动态接触角逐渐增加。在 90~100ms 时间段，由于气泡的铺展过程趋于完成，此时的动态接触角急剧增大。此后的动态接触角趋于稳定，在大约 112ms 时刻的静态接触角约为 81.33°。

结合气泡在 C5000 表面的铺展半径及动态接触角，采用 MATLAB 对式（3-9）

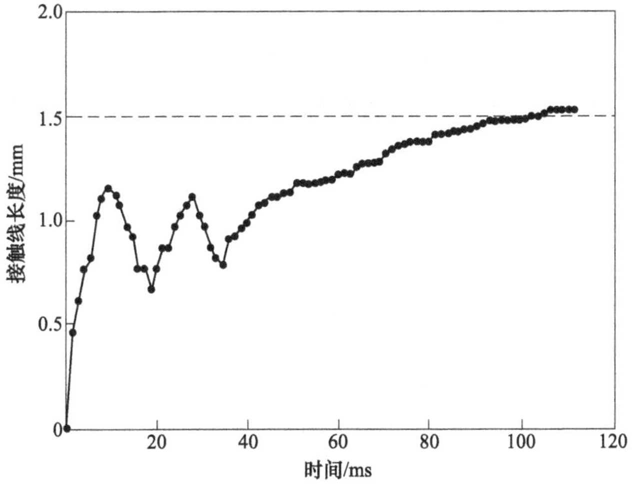

图 3-21 气泡在 C5000 表面的震荡及铺展过程

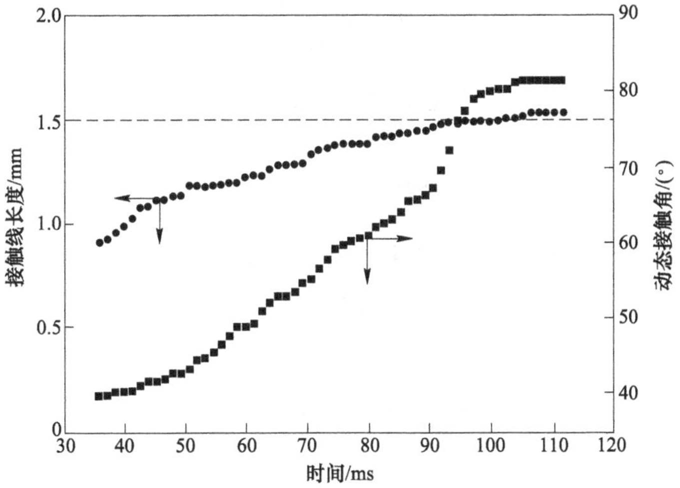

图 3-22 气泡在 C5000 表面的铺展长度及动态接触角

及式（3-12）进行拟合，拟合程序参照附录。为了降低拟合误差，气泡在低阶煤表面的铺展时间的起点以零点开始，试验数据如图 3-23 所示。式（3-9）的拟合未能得到合理的拟合参数数值。其中，杨氏接触角（θ_0）的拟合数值为 69.92°，而 $\ln(R/L)$ 的拟合数值远大于参考值（$\ln(R/L)\approx14$，其中 $R\approx1$mm，$L\approx1$nm）。式（3-12）的拟合偏差同样来自杨氏接触角（θ_0），其拟合数值为 116.03°，这与实际参考值相差较大。拟合误差的原因主要来自动态接触角的测量误差。动态接触角的测量受到煤表面粗糙度的影响很大，本书打磨后的低阶煤表面的粗糙度远大于参考文献中所用的石英表面的粗糙度。为了降低接触角测量对拟合造成的误差，本节直接拟合了气泡在低阶煤表面铺展长度与铺展时间关系，如图 3-23 所示。由图 3-23 可知，气泡在低阶煤表面的铺展长度随时间逐渐增加，但当铺展时间足够长时，铺展长度的最大值约为 1. 6899mm，这与试验测量结果吻合。

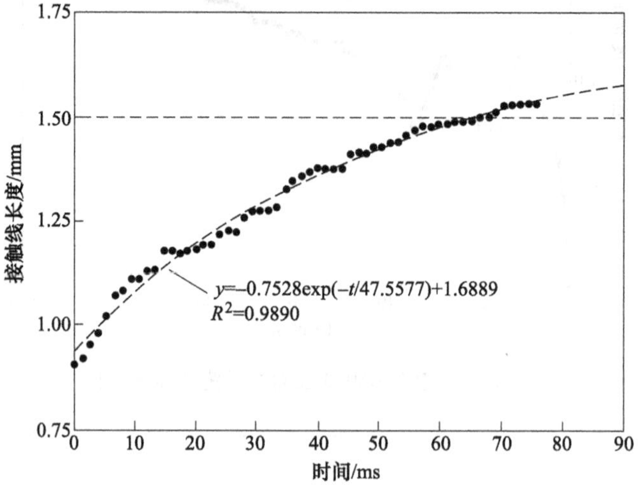

图 3-23　气泡在 C5000 表面的铺展过程拟合

3. 4. 2　油泡在低阶煤表面铺展拟合

结合油泡在 C5000 表面的铺展半径及动态接触角（图 3-24），采用 MATLAB 对式（3-9）及式（3-12）同样进行了拟合，拟合程序参照附录。与前面气泡在

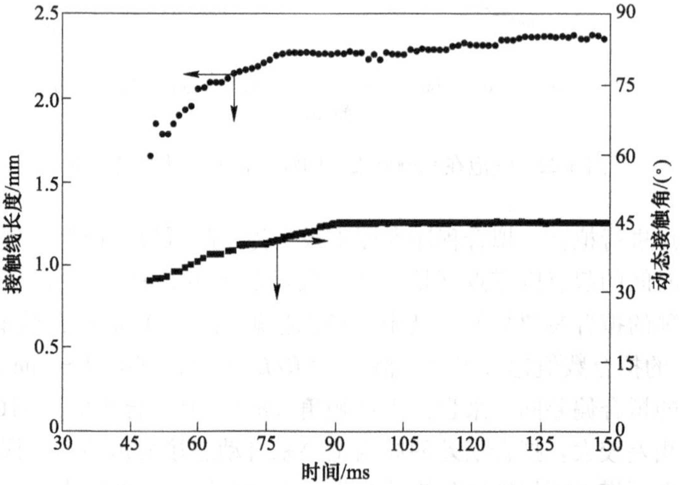

图 3-24　油泡在 C5000 表面的铺展长度及动态接触角

低阶煤表面的铺展过程拟合相似，油泡在低阶煤表面铺展拟合同样未能得到合理的拟合参数数值，这里不再赘述。拟合误差也主要来源于动态接触角的测量误差。为了降低接触角测量对拟合造成的误差，本节直接拟合了油泡在低阶煤表面铺展长度与铺展时间关系，如图 3-25 所示。由图 3-25 可知，油泡在低阶煤表面的铺展长度随时间逐渐增加，但当铺展时间足够长时，铺展长度的最大值约为 2. 2179mm，这与试验测量结果吻合。

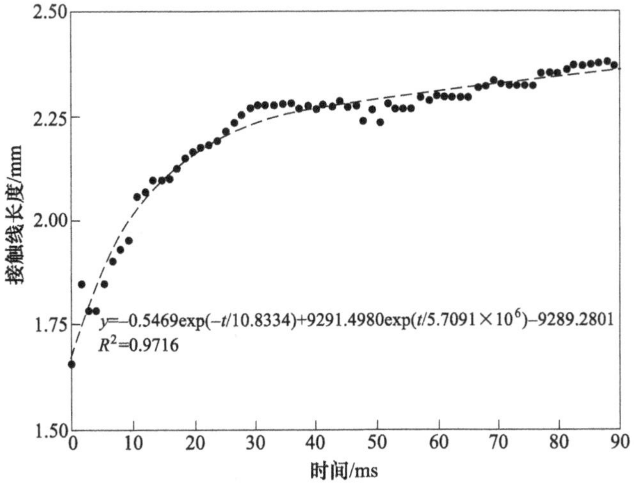

图 3-25 油泡在 C5000 表面的铺展过程拟合

为了比较气泡及油泡在低阶煤表面的铺展速率，将气泡及油泡在低阶煤表面的铺展过程拟合曲线分别求一次导数，得到了如图 3-26 所示的气/油泡在 C5000 表面的铺展速度曲线。由图 3-26 可以观察到，在大约 20ms 前，油泡在 C5000 表面的铺展速率明显高于气泡在 C5000 表面的铺展速率。而在 20～100ms 间，油泡的铺展速率要低于气泡在 C5000 表面的铺展速率。把 $t=20$ms 分别带入气/油泡在 C5000 表面的铺展过程拟合方程，得到铺展长度分别为 1. 1945mm 和 2. 1641mm，二者分别占拟合的最大铺展长度 1. 6899mm 和 2. 2179mm 的百分数为 70. 73%和 97. 58%。由此可见，在前 20ms 内，油泡基本完成了在 C5000 表面的铺展过程。因此，在大约 20ms 前，油泡在 C5000 表面的铺展速率明显高于气泡在 C5000 表面的铺展速率。在 20～100ms 间，气泡及油泡要分别完成剩余约 30%及 2%的铺展量，因此，油泡的铺展速率要低于气泡在 C5000 表面的铺展速率。由以上分析可知，油泡在低阶煤表面较快的铺展速度表明了油泡表面的疏水性要远强于气泡表面的疏水性。

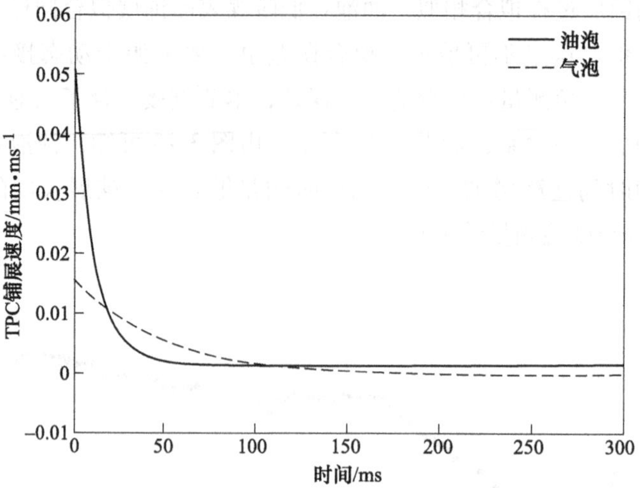

图 3-26　气/油泡在 C5000 表面的铺展速度比较

3.5　低阶煤颗粒-气/油泡间的矿化过程研究

近年来，预湿时间对低阶煤浮选效果的影响引起了研究者的关注。预润湿时间是指在不添加任何浮选剂的情况下矿物颗粒在矿浆中搅拌的时间。润湿时间的长短影响着低阶煤或氧化煤表面水化膜的分布情况。Xia 和 Yang[20] 研究发现，随着润湿时间的增加，氧化煤的精煤可燃体回收率及灰分逐渐降低。Piskin 和 Akgun[228] 的研究表明，短暂的预混合可能会去除氧化煤表面的氧化层，从而提高其可浮性；而较长时间的预混合时间会对 Amasra 氧化煤的浮选效果不利。这是因为较长的润湿时间可能会完全预润湿大部分氧化煤的表面并使得氧化煤表面形成较厚的水化层，从而降低了氧化煤的可浮性[20]。

为了探究水化膜对低阶煤表面疏水性的影响，本节讨论润湿时间对各粒级低阶煤浮选效果的影响，并拟合了不同水化膜厚度下低阶煤颗粒-气/油泡间的疏水性常数（K_{132}）。

3.5.1　润湿时间对各粒级低阶煤浮选效果的影响

在本节润湿时间对各粒级浮选效果影响的研究中，采用的煤样来自于神东煤制油选煤厂。煤样的基本工业分析及粒度分析见表 3-3 和表 3-4。由表 3-4 可知，主导粒级为 0.125～0.074mm，灰分为 12.60%；煤样的次主导粒级为小于 0.074mm，灰分为 25.52%。主导粒级的灰分（25.52%）要高于原煤灰分（17.31%），这说明次主导粒级中的高灰细泥含量大。

表 3-3 煤样的工业分析 (%)

M_{ad}/%	V_{ad}/%	FC_{ad}/%	A_{ad}/%
2.86	29.27	50.56	17.31

表 3-4 煤样的粒度分析

粒度级/mm	产率/%	灰分/%
0.500~0.250	19.46	15.48
0.250~0.125	17.42	13.90
0.125~0.074	32.72	12.60
小于 0.074	30.40	25.52
总 计	100.00	17.31

各粒级煤样的浮选试验均在 0.5L 的 XFD 浮选机中进行，浮选机转速为 1910r/min，通气量为 2.5L/min。各粒级的浮选润湿时间设为 1min、2min、3min、4min 及 5min。润湿过后，将 15kg/t 用量的柴油（捕收剂）加入浮选槽中，并连续搅拌 3min；随后，再将 400g/t 的 2-乙基己醇（起泡剂）加入 XFD 浮选槽中，并将矿浆继续搅拌 1min。浮选过程中每个粒级煤样的用量均为 30g。各粒级的精煤可燃体回收率和灰分分别如图 3-27 和图 3-28 所示。

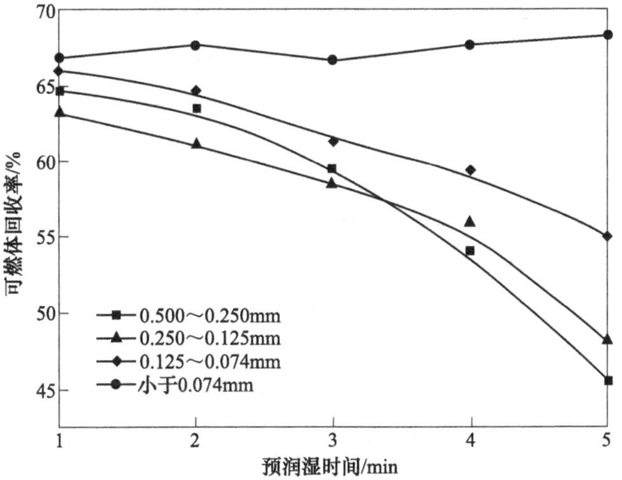

图 3-27 低阶煤各粒级可燃体回收率曲线

随着预润湿时间的增加，0.500~0.250mm、0.250~0.125mm 和 0.125~0.074mm 粒级的可燃体回收率从约 65.00%、63.26%和 66.02%降低到 45.59%、48.10%和 55.06%。相关研究表明，在预润湿时间短时，全粒级氧化煤（无烟

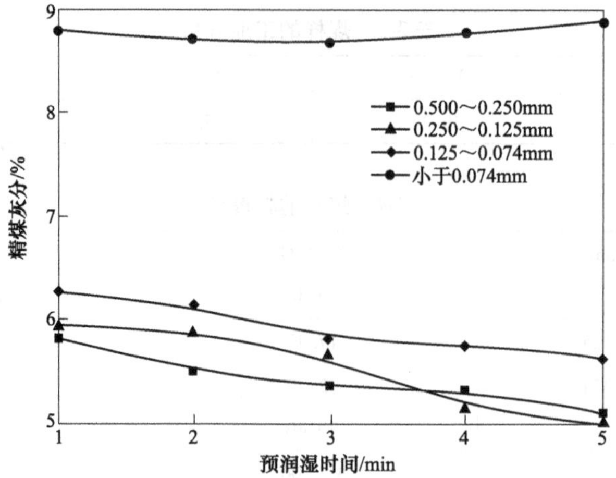

图 3-28　低阶煤各粒级精煤灰分曲线

煤）颗粒表面的水化膜较薄[20]。由于低阶煤颗粒的表面性质与氧化煤的表面性质相似，二者表面都具有大量的亲水性官能团。因此，较长的预润湿时间对于获得灰分含量低的精煤是有利的。然而，小于 0. 074mm 粒级的精煤可燃体回收率和灰分在 4 个粒级中是最高的，这可能是由于细粒浮选中存在高灰细泥夹带现象。除了小于 0. 074mm 粒级之外，0. 125～0. 074mm 粒级的精煤可燃体回收率和灰分要高于 0. 500～0. 250mm 和 0. 250～0. 125mm 粒级，尽管 0. 125～0. 074mm 粒级的灰分小于 0. 500～0. 250mm 和 0. 250～0. 125mm 粒级的灰分（见表 3-2）。这可能是由于 0. 125～0. 074mm 粒级表面的疏水性要低于 0. 500～0. 250mm 和 0. 250～0. 125mm 粒级表面的疏水性。

在图 3-27 中可以观察到，当预润湿时间大于 3. 5min 时，0. 250～0. 125mm 粒度级的可燃体回收率大于 0. 500～0. 250mm 粒度级的可燃体回收率。一方面，可能由于随着预润湿时间的增加，0. 500～0. 250mm 和 0. 250～0. 125mm 表面的水化膜逐渐变厚；另一方面，可能由于 0. 500～0. 250mm 粒级中较粗的颗粒具有较大的质量，在矿化过程中其脱附概率较大。因此，在较长的预润湿时间下，表面具有较厚水化膜的粗颗粒不能被气泡捕获并进入浮选精煤泡沫中。换句话说，较短的预润湿时间对粗粒级低阶煤颗粒的浮选具有积极的作用。

由图 3-28 可以发现，当预润湿时间小于 3. 5min 时，0. 500～0. 250mm 粒级的精煤灰分低于 0. 250～0. 125mm 粒级的精煤灰分。此外，当预润湿时间从 3. 5min 增加到 5min 时，0. 500～0. 250mm 粒级的精煤灰分稍高于 0. 250～0. 125mm 粒级的精煤灰分。同时，从图 3-27 可以发现，当大于 3. 5min 时 0. 500～0. 250mm 粒级的可燃体回收率低于 0. 250～0. 125mm 粒级的可燃体回收率。因此，再次说明在较长的预润湿时间下，表面具有较厚水化膜的粗颗粒不易被气泡捕获并进入浮选精煤泡沫中。

此外，经过较长时间的预润湿处理后，可以发现灰分较低的 0.250～0.125mm 和 0.125～0.074mm 粒级比粗粒级 0.500～0.250mm 更容易与捕收剂结合，即使在 0.125～0.074mm 粒级中可能发生轻微的浮选夹带现象。由于各粒级表面亲疏水性的不同，预润湿时间对不同粒度级的浮选效果具有不同的影响。

由上述分析可知，预润湿时间对低阶煤浮选效果的影响主要是由于预润湿时间改变了低阶煤颗粒表面的水化膜厚度。换句话说，低阶煤颗粒表面水化膜厚度的分布情况决定了其浮选效果的好坏。因此，在接下来的章节中，将通过水化膜薄化过程中相应公式的拟合计算来表征不同水化膜厚度下低阶煤颗粒-气/油泡间的相互作用情况，进而通过拟合出的颗粒-气/油泡间的疏水性常数（K_{132}）来表征气泡与油泡表面疏水性质的差异。

3.5.2 低阶煤颗粒-气泡间的矿化过程研究

3.5.2.1 低阶煤颗粒-气泡间水化膜薄化过程拟合分析

基于 non-DLVO 理论及 Stefan-Reynolds 水化膜薄化模型，本书拟合出了水化膜厚度与疏水性常数（K_{132}）之间的关系。不同水化膜厚度下低阶煤颗粒-气/油泡间的疏水性常数（K_{132}）拟合流程如图 3-29 所示。之所以在 DAH 溶液中测量低

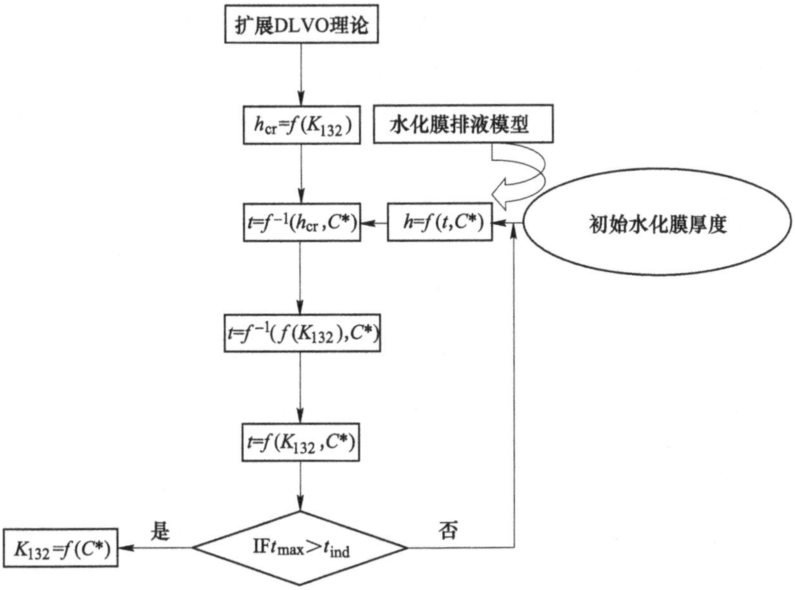

图 3-29 低阶煤颗粒-气/油泡间的疏水性常数（K_{132}）拟合流程

h_{cr}—临界水化膜厚度；C^*—初始水化膜厚度；

t_{ind}—低阶煤颗粒在十二胺盐酸盐（DAH）溶液中测得的诱导时间；t—反算诱导时间

阶煤颗粒的诱导时间，一方面是因为 Stefan-Reynolds 水化膜薄化模型（式（1-1））要求气泡具有非流动性表面；另一方面是由于 DAH 溶液的稳定性好。

如图 3-29 中的拟合流程所述，基于 non-DLVO 理论可以拟合出临界水化膜厚度（h_{cr}）和疏水性常数（K_{132}）之间的关系：

$$h_{cr} = f(K_{132}) \tag{3-13}$$

基于 Stefan-Reynolds 水化膜薄化模型可以得到在固定水化膜厚度（C^*）的情况下，水化膜（h）的薄化过程：

$$h = f(t,\ C^*) \tag{3-14}$$

通过函数变换，可以得到如下函数关系：

$$t = f^{-1}(h,\ C^*) \tag{3-15}$$

把式（3-13）中的临界水化膜厚度（h_{cr}）代入式（3-15）可得：

$$t = f^{-1}(h_{cr},\ C^*) \tag{3-16}$$

再次通过函数变换，可以得到如下函数关系：

$$t = f(h_{cr},\ C^*) \tag{3-17}$$

由临界水化膜厚度（h_{cr}）和疏水性常数（K_{132}）之间关系（式（3-13））可得：

$$t = f(f(K_{132}),\ C^*) \tag{3-18}$$

通过函数变换，可以得到如下函数关系：

$$t = f(K_{132},\ C^*) \tag{3-19}$$

在给定水化膜厚度（C^*）条件下，把测得的低阶煤颗粒的诱导时间（t_{ind}）代入式（3-19）可得到疏水性常数（K_{132}）和水化膜厚度（C^*）的关系：

$$K_{132} = f(C^*) \tag{3-20}$$

重复上述式（3-13）~式（3-20）即可得到不同水化膜厚度（C）下疏水性常数（K_{132}）的函数表达式：

$$K_{132} = f(C) \tag{3-21}$$

3.5.2.2 低阶煤颗粒-气泡间水化膜薄化模型及理论分析

基于 non-DLVO（Derjagin-Landau-Verwey-Overbeek）理论，气泡与颗粒间的附着或黏附与否可以通过能量势垒来确定[109,204,229]。根据 non-DLVO 理论，具有疏水表面的煤颗粒与单个气泡之间的总相互作用能（E）可以由静电相互作用能（E_{edl}）、伦敦范德华色散能（E_{vdw}）和疏水相互作用能（E_{hyd}）组成[230]：

$$E = E_{vdw} + E_{edl} + E_{hyd} \tag{3-22}$$

式（3-22）中的总相互作用势垒（E）的吸引或排斥性决定了浮选过程中颗粒与气泡黏附与否。因此，当疏水势能（E_{hyd}）引起的吸引作用可以克服静电排斥能（E_{edl}）时，泡沫浮选过程中的煤颗粒可以附着在气泡上。颗粒-气泡间的疏水性作用能（E_{hyd}）及静电排斥能（E_{edl}）表达如下[204,230]：

$$E_{hyd}=-\frac{R_bR_pK_{132}}{6(R_b+R_p)h} \tag{3-23}$$

$$E_{edl}=\frac{\varepsilon\varepsilon_0\pi R_bR_p}{R_b+R_p}[4\psi_1\psi_2\mathrm{arctanh}(e^{-\kappa h})+(\psi_1^2+\psi_2^2)\ln(1-e^{-2\kappa h})] \tag{3-24}$$

式中，R_b 为气泡的半径，为 1.0mm；R_p 为低阶煤颗粒的半径，为 50μm；ψ_1、ψ_2 分别为气泡和低阶煤颗粒的表面电位；h 为气泡和低阶煤颗粒的距离；ε_0 为真空介电常数（$8.854\times10^{-12}C^2/(J\cdot m)$）；$\varepsilon$ 为水的介电常数（$81C^2/(J\cdot m)$）；κ 为水的德拜长度 κ^{-1}(96nm) 的倒数。

在拟合过程中用上述水的物理参数取代 DAH 溶液的物理参数，K_{132}是颗粒和气泡之间的疏水力常数。研究表明疏水势能（E_{hyd}）是气泡-颗粒黏附的主要驱动力[218]。气泡-颗粒间的静电相互作用能（E_{edl}）和伦敦范德华色散能（E_{vdw}）易于计算。然而，由于疏水力常数（K_{132}）难以用 Yoon 的方法[109]准确测量，所以疏水能（E_{hyd}）很难确定。同时，描述润湿水化膜薄化速率的数学模型可以分为两类：第一类水化膜薄化时具有较大薄化半径；第二类水化膜薄化时具有较小薄化半径。第一类薄化模型是针对气泡和固体平板间形成的液膜薄化过程，此薄化过程具有较大的润湿水化膜薄化半径。对于此类水化膜薄化类型，由于液膜边缘处的薄化速度比液膜中心处的薄化速度快，因此，薄化过程中形成了具有不均匀膜厚度的凹痕轮廓。此外，用于液膜薄化过程具有较小薄化半径的数学模型对于描述浮选分离中的气泡-颗粒间的相互黏附作用具有重要意义。在这种情况下，在气泡和颗粒之间的润湿水化膜的薄化过程中，不会形成凹痕轮廓，并且水化膜的厚度沿膜半径方向保持不变[112]。

上述液膜薄化模型是从 Navier-Stokes 方程以及连续性方程中推导出来的，假设水化膜的厚度明显小于膜的另外两个方向上的尺寸，这就是众所周知的润滑近似性理论[127]。Taylor 方程和 Stefan-Reynolds 方程描述了气泡和颗粒之间的水化膜薄化过程。当颗粒与气泡间的胶体界面作用力被忽略时，Taylor 方程是用来描述颗粒在气泡表面滑移过程中水化膜的薄化过程。Stefan-Reynolds 方程用于描述碰撞过程中平行的静止表面之间的水化膜薄化过程。Glembotsky 装置被用于诱导时间的测试，因此，可以使用经典的 Stefan-Reynolds 理论来描述颗粒-气泡间相互碰撞作用过程中的液膜的薄化过程。气泡与亲水性玻璃表面间的液膜薄化过程实验验证了 Stefan-Reynolds 方程，水化膜薄化过程中主要克服了范德华和静电双电层（EDL）引起的 DLVO（Derjaguin-Landau-Verwey-Overbeek）排斥性力[231]。当不考虑由疏水力引起的分离压在水化膜薄化过程的作用时，Schulze 等人[231]的研究表明临界水化膜的厚度（h_{cr}）的测量值比使用 Stefan-Reynolds 模型的预测值大得多。分离压力对于建立水化膜的薄化过程非常重要，其取决于气泡和颗粒间的分子相互作用。尽管应用了先进的实验测试技术，如原子力显微镜，但是气泡和疏水颗粒之间的疏水性常数（K_{132}）的测量仍然是一个挑战。尤其是应用于真正的浮选矿物颗粒，因为矿物颗粒的表面是高度非球形的，所以使得原子力显微镜的测量结果具有不可重复性。

因此，本书提出了利用 Stefan-Reynolds 理论模型来分析拟合气泡与非球形颗粒间的疏水性常数的方法。在分析拟合过程中，使用 non-DLVO 理论确定临界膜厚度（h_{cr}）和疏水性常数（K_{132}）之间关系；此外，经典的 Stefan-Reynolds 理论被用来描述水化膜薄化过程，同时考虑了疏水力对分离压力（Π）的贡献；最后，根据诱导时间仪测得的诱导或黏附时间，可以预测不同水化膜厚度下的疏水性常数（K_{132}），这将使我们更好地理解浮选过程中气泡-颗粒黏附作用机理。

3.5.2.3　低阶煤颗粒及气泡表面电位分析

为了探索临界水化膜厚度（h_{cr}）与疏水性常数（K_{132}）之间的关系，本书分别测试了气泡与低阶煤颗粒在 DAH 溶液中的表面电位。为了降低煤表面的异质性对后续 Zeta 电位及诱导时间测试的影响，本节所用的煤样来自于表 2-17 中经过浮沉的煤样。取小于 1.3g/cm^3 密度级的煤样为试验煤样。低密度级的煤样经过破碎筛分后分别获得 0.125~0.074mm 和小于 0.045mm，并分别用于诱导时间及 Zeta 电位测试。低密度级煤样的工业分析见表 2-17。低阶煤煤样的水分为 6.07%，挥发分为 38.79%，固定碳为 53.23%，灰分为 1.91%。

本书所用的 Zeta 表面电位仪为 Malvern Nano Z(UK)[232]，低阶煤颗粒及气/油泡的 Zeta 电位测试结果如图 3-30 低阶煤颗粒及气/油泡在不同浓度的 DAH 溶液中的表面电位所示。Zeta 电位测试结果表明，随着 DAH 浓度增加至 5×10^{-5}mol/L，颗粒和气泡表面的负 Zeta 电位值逐渐降低。当 DAH 浓度大于 10^{-4}mol/L 时，低级煤颗粒表面的 Zeta 电位由负转正；同时，当 DAH 浓度为 10^{-3}mol/L 时，

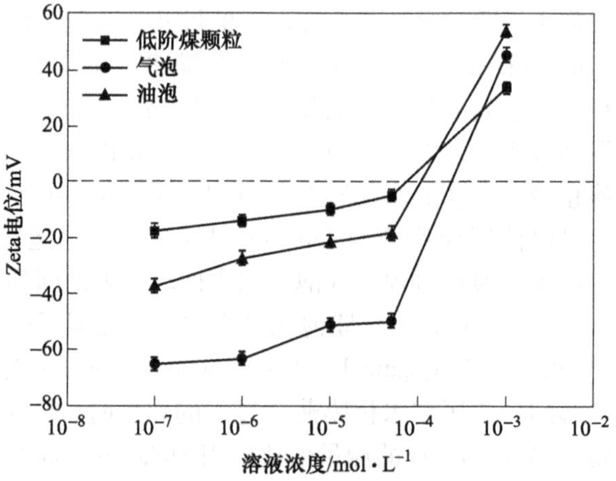

图 3-30　低阶煤颗粒及气/油泡在不同浓度的 DAH 溶液中的表面电位

气泡的 Zeta 电位为正值。换句话说，除 DAH 浓度为 10^{-4}mol/L 外，气泡和低阶煤颗粒表面的电位具有相同的符号，这也表明低阶煤颗粒与气泡间的静电作用力（EDL）是相互排斥的。

3.5.2.4 颗粒-气泡间临界水化膜厚度(h_{cr})与疏水性常数(K_{132})关系研究

本书利用 non-DLVO 理论来确定临界水化膜厚度（h_{cr}）和疏水性常数（K_{132}）之间的关系。气泡-颗粒间的相互作用总能量（E）包括色散能（E_{vdw}）、静电能（E_{edl}）和疏水力能（E_{hyd}），其主要通过 non-DLVO 理论来确定。由于色散能（E_{vdw}）很小，故本书忽略了色散能（E_{vdw}）的计算。

为了计算静电能（E_{edl}），本书使用低阶煤颗粒的 Zeta 电位取代其表面电位。静电能（E_{edl}）用式（3-24）计算，并假设气泡和低阶煤颗粒表面具有恒定的表面电位（见图 3-30）。在 DAH 浓度为 10^{-4}mol/L 时，气泡与颗粒间的静电作用力是排斥的，必须通过疏水力来克服静电作用力，才能使得气泡与颗粒间的黏附成为可能。疏水力相互作用能可使用式（3-23）来计算，然而在这个方程中，唯一的未知参数是颗粒-气泡间的疏水常数。根据相关文献，固体颗粒的疏水性常数大约在 10^{-20}~10^{-15}J 之间[109,204,229]。本书为了预测 h_{cr}和 K_{132}之间的关系，将低阶煤颗粒-气/油泡间的疏水性常数（K_{132}）数量级设定为 10^{-20}~10^{-15}J。

基于 non-DLVO 理论，低阶煤颗粒与气泡间的相互作用总能量（E）关系如图 3-31 所示。当给定疏水性常数（K_{132}）值时，在每个总能量（E）下对应着一个 h_{cr}。如图 3-31 所示，可以观察到随着 K_{132}的增加，E 值减小，h_{cr}值增加。此外，当 K_{132}从零增加到 6.0×10^{-16}时，h_{cr}值从 11.45nm 增加到约 32.00nm。这是由于随着 DAH 浓度升高，DAH 分子在低阶煤颗粒表面产生吸附，使得低阶煤颗粒的亲水性表面转化为疏水性表面。随着疏水表面的增加使得低阶煤表面的疏水力逐渐增加，因此，低阶煤颗粒-气泡间的水化膜在较高的临界水化膜（h_{cr}）下发

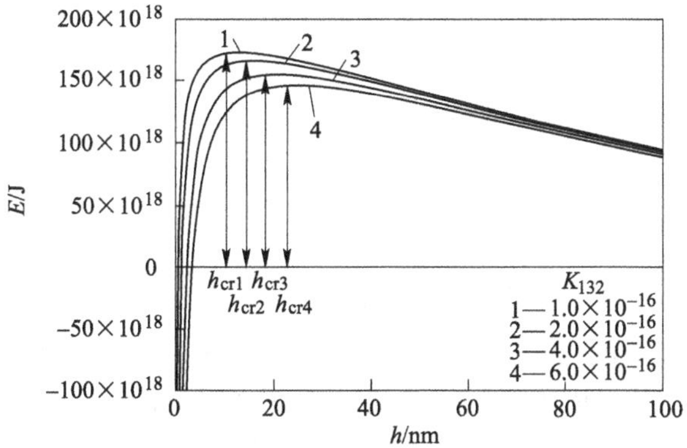

图 3-31 低阶煤颗粒-气泡间作用总势能

（10^{-3}mol/L 的 DAH 溶液）

生破裂。在拟合 h_{cr} 和 K_{132} 之间关系时发现，当 DAH 浓度为 10^{-4}mol/L 时，由于低阶煤颗粒-气泡间的能垒总是负值，因此难以寻找到 h_{cr} 和 K_{132} 之间关系。故本书用 5×10^{-5}mol/L 的 DAH 浓度取代 10^{-4}mol/L 来拟合 h_{cr} 和 K_{132} 之间关系。h_{cr} 和 K_{132} 之间关系如图 3-32 所示。通过 Labfit 拟合软件，在 10^{-3}mol/L 的 DAH 浓度中，h_{cr} 和 K_{132} 之间关系的拟合方程如式（3-25）所示：

$$h_{cr} = A_1\exp(K_{132}/B_1) + A_2\exp(K_{132}/B_2) + h_0 \tag{3-25}$$

由式（3-25）可知，h_{cr} 和 K_{132} 之间符合双指数关函数系。在式（3-25）中，A_1 和 A_2 分别为−273.08nm 和−11.78nm，B_1 和 B_2 分别为-1.33×10^{-14}J 和-3.63×10^{-16}J，h_0 为 296.31nm。由于式（3-25）中的 A_1 和 A_2 均是负值，因此 h_{cr} 不会随着 K_{132} 的逐渐增加而逐渐增加。这也表明低阶煤颗粒表面的疏水性不会随着 DAH 浓度增加而增加。诱导时间试验表明当 DAH 浓度为 10^{-2}mol/L 时，低阶煤颗粒与气泡不产黏附行为，这也说明 DAH 分子在低阶煤颗粒表面产生了双分子层吸附行为，使得颗粒与气泡间产生静电排斥现象。

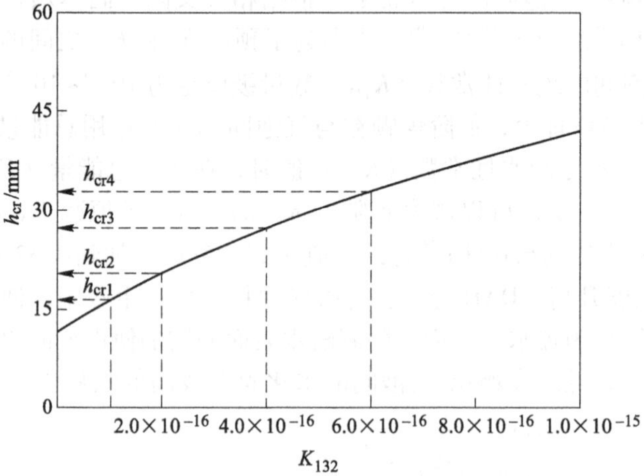

图 3-32　临界水化膜厚度（h_{cr}）与疏水性常数（K_{132}）关系

（10^{-3}mol/L 的 DAH 溶液）

3.5.2.5　颗粒-气泡间的水化膜（h）薄化过程研究

水化膜（h）和时间（t）之间的关系可以用式（1-1）中的 Stefan-Reynolds 模型来表示。式（1-1）描述了两个非流动表面之间的液膜薄化过程。由于经典 Stefan-Reynolds 模型是一个不能通过解析求解的微分方程，所以本书采用四阶 Runge-Kutta 方法得到了该方程的近似解。水化膜（h）的薄化过程如图 3-33 所示。当初始水化膜厚度为 300nm 时，随着薄化时间的增加，水化膜逐渐变薄，当薄化时间增加到一定值后，水化膜会破裂。试验研究表明，随着薄化时间的增加，气泡与完全亲水的石英表面间的水化膜不会破裂，而是薄化到一定厚度后保持稳定[139]。

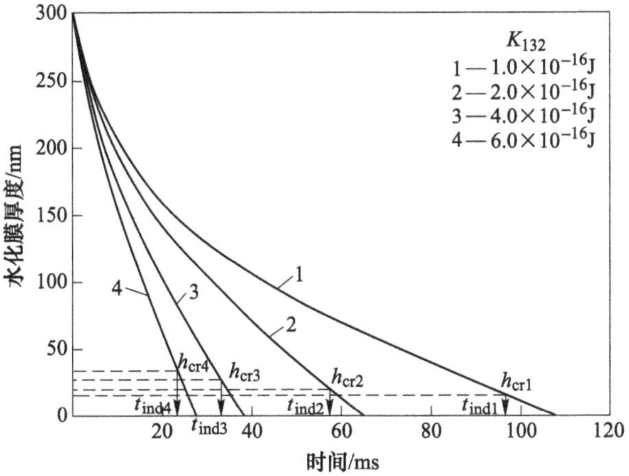

图 3-33 水化膜（h）薄化过程

（初始水化膜厚度为 300nm，德拜长度为 96nm，气泡和颗粒半径分别为 0.5mm 和 50μm；10^{-3}mol/L 的 DAH 溶液）

在相同的初始水化膜厚度下（300nm），随着疏水性常数由 10^{-16}J 增加到 6×10^{-16}J 时，水化膜的薄化速率逐渐增大，薄化完成时间由大约 110ms 降低到 28ms。当临界水化膜厚度为 h_{cr1}、h_{cr2}、h_{cr3}及 h_{cr4}时，可以在图 3-33 中查询到相应的 t_{ind1}、t_{ind2}、t_{ind3}及 t_{ind4}值。从而建立诱导时间（t_{ind}）与疏水性常数（K_{132}）之间关系，其拟合公式如式（3-26）所示：

$$\tau = A_1\exp(B_1K_{132}) + A_2\exp(B_2K_{132}) + \tau_0 \tag{3-26}$$

当 K_{132}的值为 10^{-16}J 时，式（3-26）中，A_1 和 A_2 分别为 115.09ms 和 224.90ms，B_1 和 B_2 分别为-5.90×10^{15}J^{-1}和-3.03×10^{16}J^{-1}，τ_0 为 22.47ms。以此类推，可以拟合出不同疏水力常数下式（3-26）中的参数值。诱导时间（t_{ind}）与疏水性常数（K_{132}）关系如图 3-34 所示。当测定了低阶煤颗粒与气泡间的诱导时间时，便可通过式（3-26）计算得到在初始水化膜为 300nm，DAH 浓度为10^{-3}mol/L 时的疏水性常数（K_{132}）。低阶煤颗粒-气/油泡间的诱导时间时如图 3-35 所示。由图 3-35 可以看出，随着 DAH 溶液浓度从 10^{-7}mol/L 增加到 5×10^{-5}mol/L，低阶煤颗粒-气泡间的诱导时间从 93ms 下降到 12ms。这主要是由于 DAH 分子中的极性基团 NH^{3+}吸附在低阶煤颗粒表面上的极性部位，而其非极性碳链基团朝外，从而使得低阶煤颗粒表面的疏水性增加。随着 DAH 溶液浓度从 5×10^{-5}mol/L 增加到 10^{-3}mol/L，低阶煤颗粒-气泡间的诱导时间从 12ms 增加到 35ms。这可能是 DAH 分子在低阶煤颗粒表面发生了轻微的双分子层吸附现象，使得低阶煤颗粒表面的静电排斥力增加（见图 3-30），从而使得低阶煤颗粒的诱导时间增加。

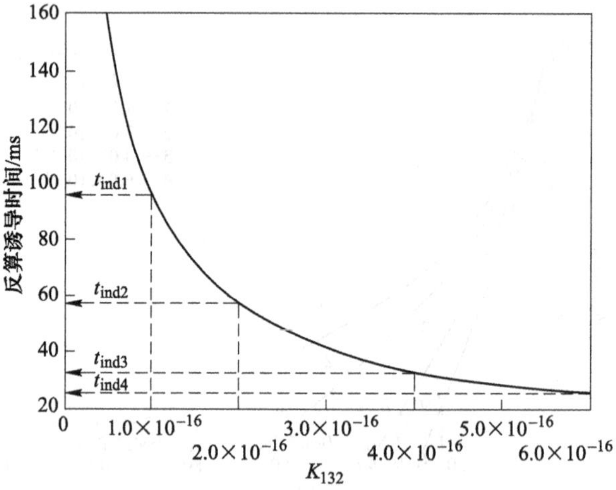

图 3-34　诱导时间（t_{ind}）与疏水性常数（K_{132}）的关系

（初始水化膜厚度为 300nm；10^{-3}mol/L 的 DAH 溶液）

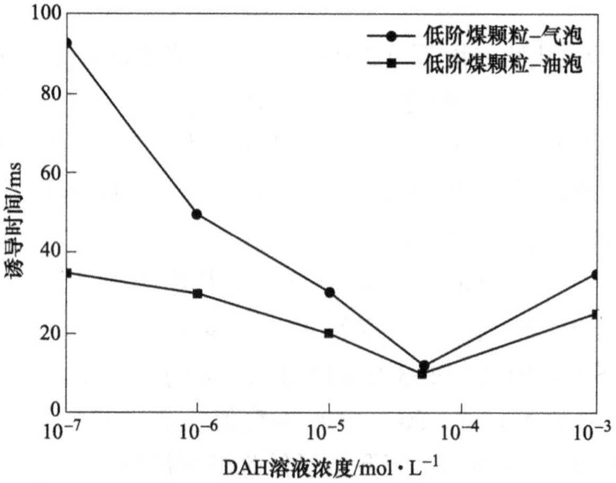

图 3-35　不同 DAH 溶液浓度下的低阶煤颗粒-气/油泡间的诱导时间

因此，当设定不同的水化膜厚度时，重复上述拟合过程，便可以得到水化膜厚度（h）与疏水性常数（K_{132}）之间关系。如图 3-36 所示，随着 DAH 溶液浓度的增加，疏水性常数（K_{132}）逐渐增大。但当水化膜厚度（h）增加到一定数值后，疏水性常数（K_{132}）逐渐趋于稳定。在相同的水化膜厚度下，随着 DAH 溶液浓度的增加，疏水性常数（K_{132}）逐渐增大。这也再次说明 DAH 分子中的

极性基团 NH^{3+} 吸附在低阶煤颗粒表面上的极性部位，而其非极性碳链基团朝外，从而使得低阶煤颗粒表面的疏水性增加。虽然 DAH 溶液浓度从 5×10^{-5}mol/L 增加到 10^{-3}mol/L 时，低阶煤颗粒-气泡间的诱导时间从 12ms 增加到 35ms，并发生了 DAH 分子在低阶煤颗粒表面的双分子层吸附现象，但是并没有显著降低低阶煤颗粒-气泡间的疏水性常数（K_{132}）。

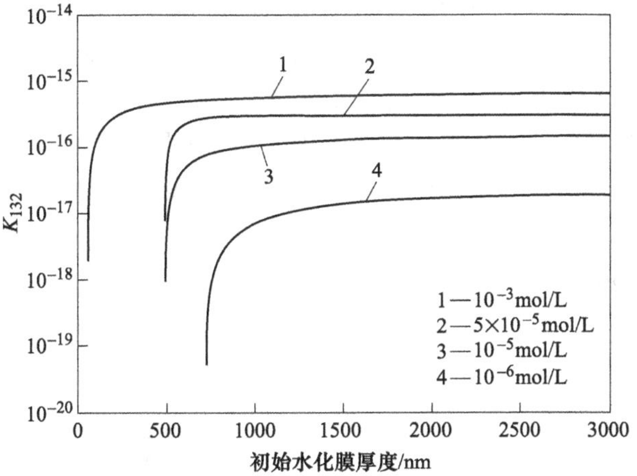

图 3-36 水化膜厚度（h）与疏水性常数（K_{132}）关系

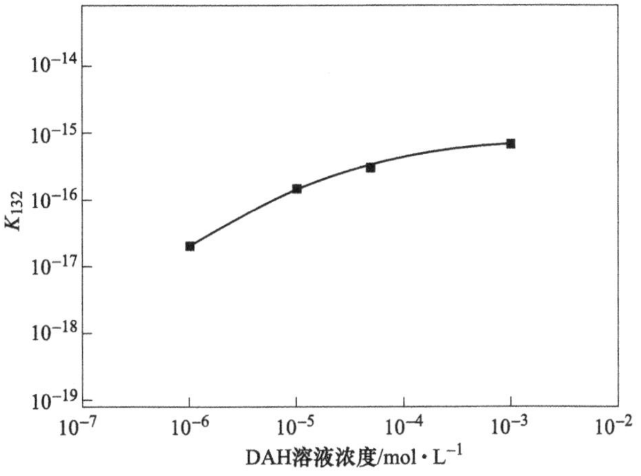

图 3-37 不同 DAH 浓度下的疏水性常数（K_{132}）

当水化膜厚度（h）增加到一定数值后（约 1200nm），疏水性常数（K_{132}）逐渐趋于稳定（见图 3-36）。此时取得稳定的疏水性常数（K_{132}）值作为相应 DAH 溶液下的疏水性常数（K_{132}）值，如图 3-37 所示。随着 DAH 浓度从 10^{-6}mol/L 增加到 10^{-3}mol/L，疏水性常数（K_{132}）从约 2.0×10^{-17}J 增加到 6.8×10^{-16}J。除 DAH 浓度为 10^{-3}mol/L 外，疏水性常数（K_{132}）的增加与诱导时间的降低是一致的。

这可能是由于DAH浓度为10^{-3}mol/L时，静电相互作用力（E_{edl}）增加，使得诱导时间有所增加，但并没有显著影响到疏水性常数（K_{132}）的增加。

结合图3-37所得的疏水性常数（K_{132}）与non-DLVO理论，可以得到临界膜厚度（h_{cr}）与诱导时间之间关系，如图3-38所示。由图3-38所知，当DAH浓度从10^{-6}mol/L增加到5×10^{-5}mol/L时，临界水化膜厚度（h_{cr}）从126.63nm急剧增加到242.24nm。随着DAH浓度从5×10^{-5}mol/L增加到10^{-3}mol/L，临界水化膜厚度（h_{cr}）从242.24nm急剧下降到25.73nm。Schulze等人[233]研究发现在10^{-5}mol/L的DAH溶液中（pH值为6~7），气泡与二氧化硅表面间的临界水化膜厚度为150nm。在本书的研究中，当DAH浓度为10^{-5}mol/L时，气泡与低阶煤颗粒间的临界水化膜厚度为148.95nm，这与Schulze等的实验结果非常接近。

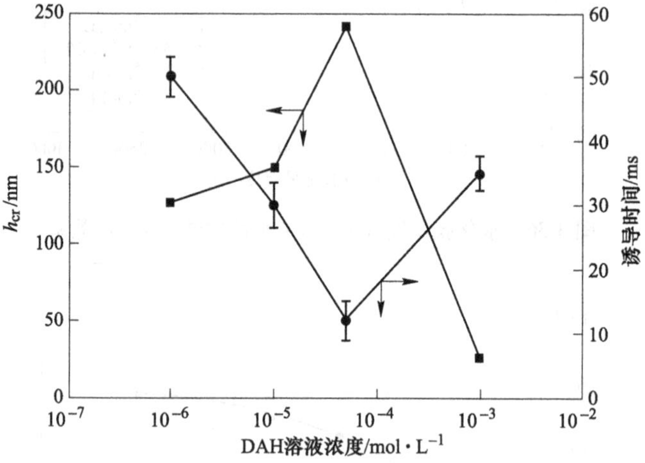

图3-38　临界水化膜厚度（h_{cr}）与诱导时间之间关系

当DAH浓度为10^{-3}mol/L时，疏水性常数（K_{132}）大于DAH浓度为5×10^{-5}mol/L时的疏水性常数（K_{132}）。但是在DAH浓度为5×10^{-5}mol/L时的临界水化膜厚度（h_{cr}）大于DAH浓度为10^{-3}mol/L时的临界水化膜厚度（h_{cr}），并且其诱导时间要低于DAH浓度为10^{-3}mol/L时的诱导时间。这一现象表明，在DAH浓度为10^{-3}mol/L时，DAH分子在低阶煤表面上的吸附，将煤低阶煤颗粒表面的Zeta电位由负转正，从而使得颗粒和气泡之间的静电排斥力增加。由于表面亲水性较强的低阶煤颗粒与气泡间的水化膜较稳定，因此，需要更多时间来完成水化膜的薄化过程。临界水化膜厚度变化与诱导时间的测试结果变化相吻合。

确定了K_{132}、h_{cr}和低阶煤颗粒表面的Zeta电位后，当水化膜薄化至临界厚度时，便可以计算得到静电作用能（E_{edl}）与疏水力作用能（E_{hyd}）。静电作用能与疏水力的比值（E_{edl}/E_{hyd}）与诱导时间的关系如图 3-39 所示。由图 3-39 可知，E_{edl}/E_{hyd}的变化趋势与诱导时间的走势相似。当 DAH 浓度从 10^{-6}mol/L 增加到 5×10^{-5}mol/L 时，E_{edl}/E_{hyd}值逐渐降低；在 DAH 浓度为 5×10^{-5}mol/L 时，E_{edl}/E_{hyd}的值为 1.02，此时的静电作用力与疏水力非常接近；当 DAH 浓度从 5×10^{-5}mol/L 增加到 10^{-3}mol/L 时，E_{edl}/E_{hyd}的值从 1.02 增加到 6.43。因此，当 E_{edl}/E_{hyd}的值大于 1 时，静电作用能（E_{edl}）在水化膜的薄化过程起到主导作用。由图 3-39 可知，气泡-低阶煤颗粒间的水化膜薄化过程主要由静电作用能（E_{edl}）主导，只有当 DAH 浓度为 5×10^{-5}mol/L，静电作用能（E_{edl}）与疏水力作用能（E_{hyd}）所起的作用相当。

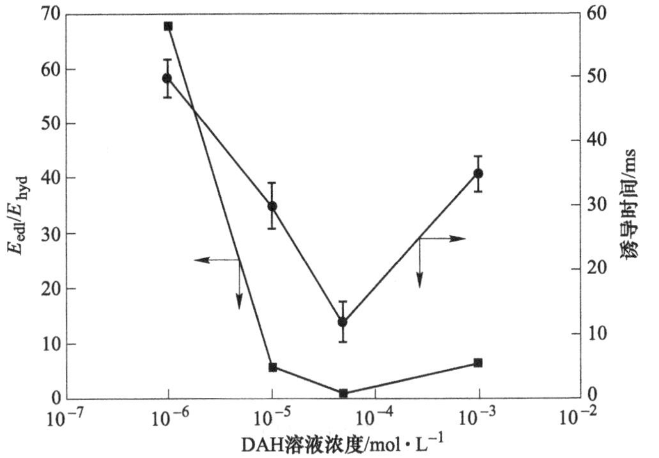

图 3-39 表面活性剂 DAH 对 E_{edl}/E_{hyd}和诱导时间的影响

3.5.3 低阶煤颗粒-油泡间的矿化过程研究

为了拟合出低阶煤颗粒-油泡间的疏水性常数（K_{132}），本书测试了油泡表面的 Zeta 电位（见图 3-30）及其与低阶煤颗粒间的诱导时间（见图 3-35）。油泡表面的 Zeta 电位变化趋势与气泡表面电位变化相似。随着 DAH 浓度的增大，油泡表面的负电位值逐渐减小，在大约 10^{-4}mol/L 的 DAH 浓度时，油泡表面 Zeta 电位接近为零；随着 DAH 浓度的进一步增加，油泡表面 Zeta 电位由负转正。当 DAH 浓度由 10^{-7}mol/L（纯去离子水溶液）增加到 5×10^{-5}mol/L，低阶煤颗粒-油泡间的诱导时间由 35ms 降低到 10ms；随着 DAH 浓度的进一步增加到 10^{-3}mol/L，低阶煤颗粒-油泡间的诱导时间由 10ms 增加到 25ms。这主要由于在 DAH 浓度为 10^{-3}mol/L 时，油泡与低阶煤煤颗粒的表面均具有正电位，故二者之间的静电排斥力较大，从而使得低阶煤颗粒-油泡间的诱导时间增加。

3.5.3.1　颗粒-油泡间临界水化膜厚度(h_{cr})与疏水性常数(K_{132})关系研究

与颗粒-气泡间的临界水化膜厚度（h_{cr}）与疏水性常数（K_{132}）关系拟合相似，基于 non-DLVO 理论本节确定了颗粒-油泡间的临界水化膜厚度（h_{cr}）和疏水性常数（K_{132}）之间关系。低阶煤颗粒-油泡间的相互作用总能量（E）如图 3-40 所示。

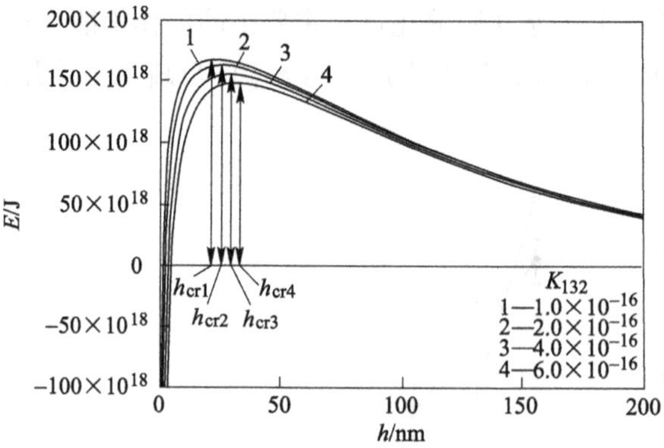

图 3-40　低阶煤颗粒-油泡间作用总势能

（10^{-3}mol/L 的 DAH 溶液）

当给定疏水性常数（K_{132}）值时，在每个低阶煤颗粒与油泡间的相互作用总能量（E）下对应着一个 h_{cr}。低阶煤颗粒-油泡间的 h_{cr} 和 K_{132} 之间的拟合关系如图 3-41 所示。

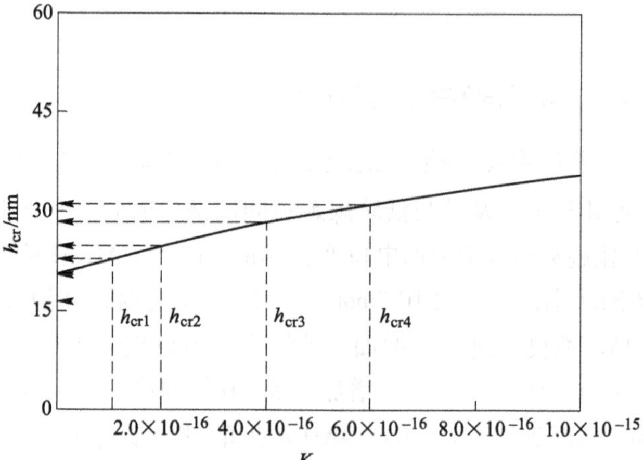

图 3-41　颗粒-油泡间的临界水化膜厚度（h_{cr}）与疏水性常数（K_{132}）关系

（10^{-3}mol/L 的 DAH 溶液）

由图 3-41 可以观察到随着 K_{132}的增加，h_{cr}值逐渐增加。当 K_{132}从 0 增加到 6.0×10^{-16}时，h_{cr}值从 20.57nm 增加到 31.18nm。这是由于随着 DAH 浓度升高，DAH 分子在低阶煤颗粒表面产生吸附，使得低阶煤颗粒的亲水性表面转化为疏水性表面。随着疏水表面的增加使得低阶煤表面的疏水力逐渐增加，因此，低阶煤颗粒-油泡间的水化膜在较高的临界水化膜（h_{cr}）厚度下发生破裂。在拟合颗粒-油泡间的 h_{cr}和 K_{132}之间关系时发现，当 DAH 浓度为 10^{-4}mol/L 时，由于低阶煤颗粒-油泡间的能垒总是负值，因此难以寻找到 h_{cr}和 K_{132}之间的关系。因此，本书用 5×10^{-5}mol/L 的 DAH 浓度取代 10^{-4}mol/L 来拟合颗粒-油泡间的 h_{cr}和 K_{132}之间关系。颗粒-油泡间的 h_{cr}和 K_{132}之间关系同样符合双指数函数关系，如式（3-25）所示。

3.5.3.2 颗粒-油泡间的水化膜(h)薄化过程研究

在相同的初始水化膜厚度（300nm）下，随着疏水性常数（K_{132}）由 10^{-16}J 增加到 6×10^{-16}J，颗粒-油泡间的水化膜的薄化速率逐渐增大，薄化完成时间由大约 92ms 降低到 24ms。当临界水化膜厚度为 h_{cr1}、h_{cr2}、h_{cr3}及 h_{cr4}时（图 3-41），可以在图 3-42 中查询到相应的 t_{ind1}、t_{ind2}、t_{ind3}及 t_{ind4}值。因此，在水化膜厚度为 300nm 时，可以得到颗粒-油泡间的诱导时间（t_{ind}）与疏水性常数（K_{132}）之间关系，如图 3-43 所示。

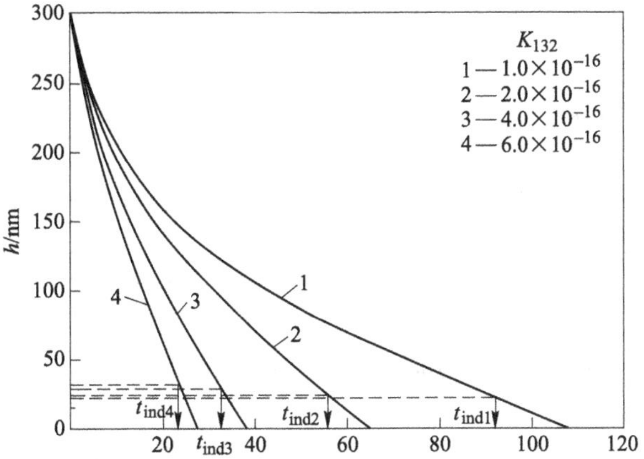

图 3-42 水化膜（h）薄化过程

（初始水化膜厚度为 300nm，德拜长度为 96nm，油泡和颗粒半径分别为 0.5mm 和 50μm；10^{-3}mol/L 的 DAH 溶液）

当设定不同的水化膜厚度时，重复上述拟合过程便可以得到低阶煤颗粒-油泡间的水化膜厚度（h）与疏水性常数（K_{132}）之间关系。如图 3-44 所示，随着

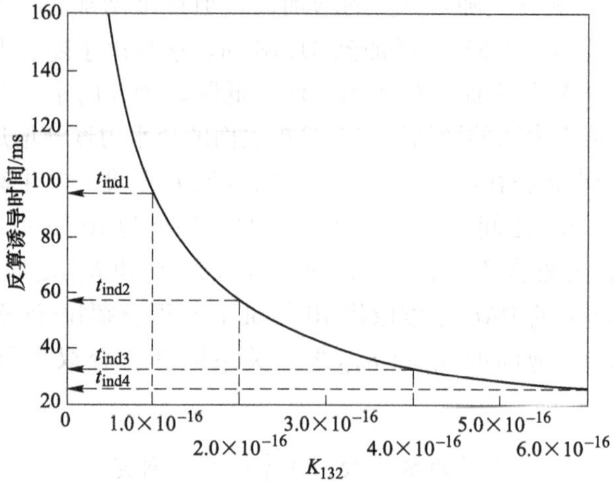

图 3-43　颗粒-油泡间的诱导时间（t_{ind}）与疏水性常数（K_{132}）关系

（初始水化膜厚度为 300nm；10^{-3}mol/L 的 DAH 溶液）

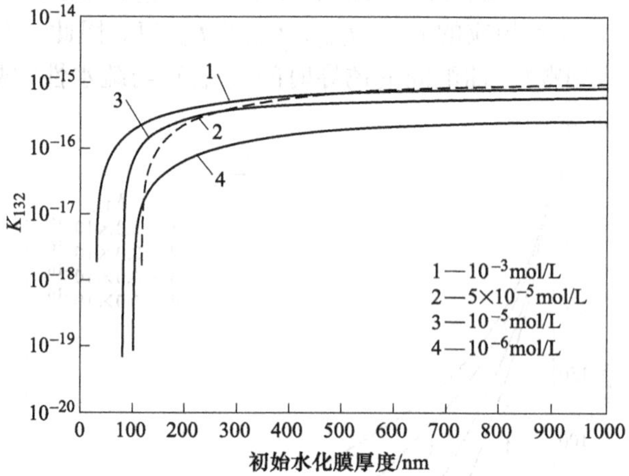

图 3-44　颗粒-油泡间的水化膜厚度（h）与疏水性常数（K_{132}）关系

DAH 溶液浓度的增加，疏水性常数（K_{132}）逐渐增大。其中，当 DAH 溶液浓度为 5×10^{-5}mol/L 和 10^{-3}mol/L 时，随着水化膜厚度增加到 1000nm，低阶煤颗粒-油泡间的疏水性常数（K_{132}）很接近，分别为 1.07×10^{-15}J 和 8.84×10^{-16}J。低阶煤颗粒-油泡间的疏水性常数（K_{132}）在 5×10^{-5}mol/L 和 10^{-3}mol/L 的 DAH 溶液中的数值高于其在 10^{-5}mol/L 和 10^{-6}mol/L 的 DAH 溶液中的数值。这与低阶煤颗粒-油泡间的诱导时间数值变化相吻合。

但当水化膜厚度（h）增加到一定数值后，低阶煤颗粒-油泡间的疏水性常数（K_{132}）逐渐趋于稳定。在相同的水化膜厚度下，除了在10^{-3}mol/L的DAH溶液中，其他情况下的疏水性常数（K_{132}）随着DAH溶液浓度的增加而逐渐增大。这也再次说明DAH分子中的极性基团NH^{3+}吸附在低阶煤颗粒表面上的极性部位，而其非极性碳链基团朝外，从而使得低阶煤颗粒表面的疏水性增加。虽然，当DAH溶液浓度从5×10^{-5}mol/L增加到10^{-3}mol/L时低阶煤颗粒-油泡间的诱导时间从10ms增加到25ms，并发生了DAH分子在低阶煤颗粒表面的双分子层吸附现象，但是并没有显著降低低阶煤颗粒-油泡间的疏水性常数（K_{132}），二者数值接近，分别为1.07×10^{-15}和8.84×10^{-16}。为了便于比较气泡及油泡表面亲疏水性的强弱，本节将颗粒-气/油泡间的疏水性常数（K_{132}）集中于图3-45中。

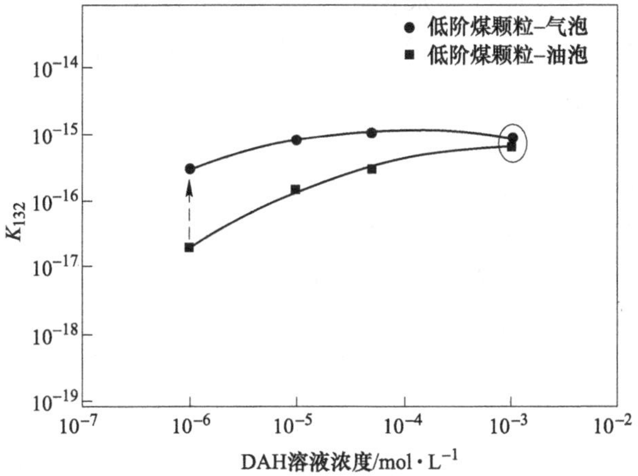

图3-45 不同DAH浓度下的颗粒-气/油泡间的疏水性常数（K_{132}）

如图3-45所示，在不同浓度的DAH溶液中，低阶煤颗粒-油泡间的疏水性常数（K_{132}）均高于低阶煤颗粒-气泡间的疏水性常数（K_{132}）。这与图3-37中的诱导时间测试结果相符合，较低的诱导时间对应较高的疏水性常数（K_{132}）。从图3-45还可以观察到，在较高的浓度的DAH溶液中，低阶煤颗粒-油泡间的疏水性常数（K_{132}）略高于低阶煤颗粒-气泡间的疏水性常数（K_{132}）。这可能是由于在较高的浓度的DAH溶液中，DAH分子在油泡表面的吸附量较大，使得活性油泡表面的性质与气泡表面的性质较为接近。因此，二者低阶煤颗粒间的疏水性常数（K_{132}）较为接近，虽然，在10^{-3}mol/L的DAH溶液中，低阶煤颗粒-油泡间的诱导时间较低阶煤颗粒-气泡间的诱导时间低了10ms。

当DAH溶液的浓度为5×10^{-5}mol/L时，低阶煤颗粒-油泡间的疏水性常数（K_{132}）约为低阶煤颗粒-气泡间的疏水性常数（K_{132}）的3倍。此时，低阶煤颗粒-油泡间的诱导时间为10ms，而低阶煤颗粒-气泡间的诱导时间为12ms。这表明，随着DAH溶液浓度的降低，DAH分子在油泡及气泡表面的吸附量下降，从而使得油泡表面较气泡表面的强疏水性性质得以展现。当 DAH 溶液的浓度为 10^{-6}mol/L 时，低阶煤颗粒-油泡间的疏水性常数（K_{132}）数量级为 10^{-16}，而低阶煤颗粒-气泡间的疏水性常数（K_{132}）数量级为 10^{-17}。此时，低阶煤颗粒-油泡间的疏水性常数（K_{132}）是低阶煤颗粒-气泡间的疏水性常数（K_{132}）的 15 倍。这也再次证明油泡表面较气泡表面具有更强的疏水性。同时也表明，当低阶煤颗粒-油泡间的诱导时间与低阶煤颗粒-气泡间的诱导时间较为接近时，可通过疏水力常数（K_{132}）来表征气泡及油泡表面疏水性的差异。

3.5.3.3　颗粒-油泡间的 h_{cr} 及 E_{edl}/E_{hyd} 与诱导时间之间关系研究

低阶煤颗粒-油泡间的临界水化膜厚度（h_{cr}）与诱导时间关系如图 3-46 所示。随着 DAH 溶液的浓度从 10^{-6}mol/L 增加到 5×10^{-5}mol/L，低阶煤颗粒-油泡间的临界水化膜厚度（h_{cr}）急剧增加。需要指出的是在 5×10^{-5} mol/L 浓度的 DAH 溶液中，此时低阶煤颗粒-油泡间的疏水作用力（E_{hyd}）完全克服了低阶煤颗粒-油泡间的静电作用力（E_{edl}），故无法计算出低阶煤颗粒-油泡间的临界水化膜厚度（h_{cr}）。因此，把此时的低阶煤颗粒-油泡间的临界水化膜厚度（h_{cr}）看作无穷大。当 DAH 溶液的浓度增加到 10^{-3}mol/L 时，由于低阶煤颗粒-油泡间的静电作用力（E_{edl}）增加，因而，只有当低阶煤颗粒-油泡间的临界水化膜厚度（h_{cr}）降低到 34. 83nm 才能克服低阶煤颗粒-油泡间的能垒，进而发生低阶煤颗粒-油泡间的黏附作用。

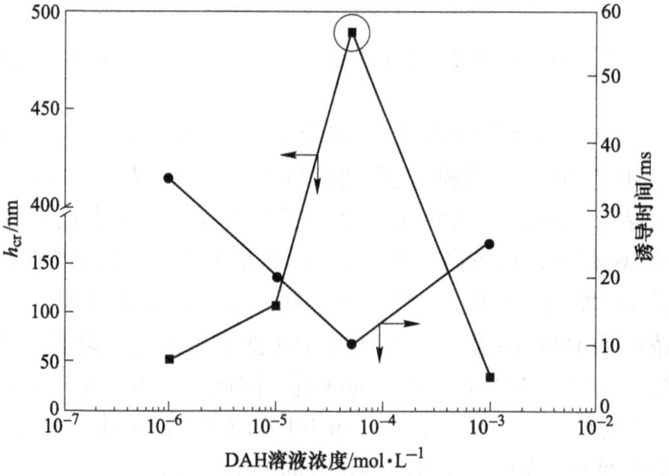

图 3-46　颗粒-油泡间的临界水化膜厚度（h_{cr}）与诱导时间之间关系

低阶煤颗粒-油泡间的 E_{edl}/E_{hyd} 与诱导时间的关系如图 3-47 所示。由图 3-47 可以观察到，低阶煤颗粒-油泡间的 E_{edl}/E_{hyd} 变换趋势与低阶煤颗粒-油泡间的诱导时间变化相似。随着 DAH 溶液的浓度从 10^{-6}mol/L 增加到 5×10^{-5}mol/L，低阶煤颗粒-油泡间的 E_{edl}/E_{hyd}急剧下降。这主要由于低阶煤颗粒-油泡间的疏水作用力（E_{hyd}），这点也可以通过图 3-45 中的疏水性常数（K_{132}）的变化得到证实。同样需要指出的是在 5×10^{-5}mol/L 浓度的 DAH 溶液中，此时低阶煤颗粒-油泡间的疏水作用力（E_{hyd}）远大于低阶煤颗粒-油泡间的静电作用力（E_{edl}），故把此时的 E_{edl}/E_{hyd}看作零。当 DAH 溶液的浓度增加到 10^{-3}mol/L 时，由于低阶煤颗粒-油泡间的静电作用力（E_{edl}）增加，因而，E_{edl}/E_{hyd}增加到 6.52。为了比较低阶煤颗粒-油泡间的 E_{edl}/E_{hyd}与低阶煤颗粒-气泡间的 E_{edl}/E_{hyd}，本书将其集中于图 3-48 中。

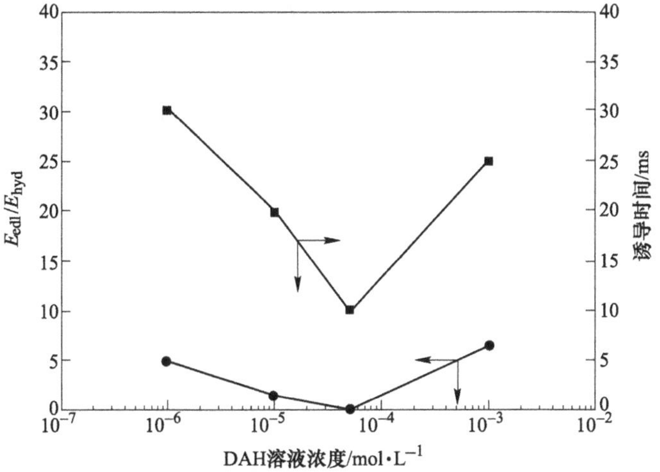

图 3-47 颗粒-油泡间的 E_{edl}/E_{hyd}和诱导时间之间关系

如图 3-48 所示，除了在 DAH 溶液的浓度为 10^{-3}mol/L 时，低阶煤颗粒-油泡间的 E_{edl}/E_{hyd}均低于低阶煤颗粒-气泡间的 E_{edl}/E_{hyd}。这表明低阶煤颗粒-油泡间的疏水作用能（E_{hyd}）高于低阶煤颗粒-气泡间的疏水作用能（E_{hyd}），同时也证实油泡表面的疏水性强于气泡表面的疏水性。当 DAH 溶液的浓度增加到 10^{-3}mol/L 时，低阶煤颗粒-油泡间的 E_{edl}/E_{hyd}略高于低阶煤颗粒-气泡间的 E_{edl}/E_{hyd}。这可能是由于在较高的浓度的 DAH 溶液中，DAH 分子在油泡表面的吸附量较大，使得活性油泡表面的性质与气泡表面的性质较为接近。因此，低阶煤颗粒-气/油泡间的 E_{edl}/E_{hyd}较为接近。虽然，在 10^{-3}mol/L 的 DAH 溶液中低阶煤颗粒-油泡间的诱导时间较低阶煤颗粒-气泡间的诱导时间低了 10ms，但是在 DAH 溶液的浓度为 10^{-6}mol/L 时，低阶煤颗粒-气泡间的 E_{edl}/E_{hyd}远高于低阶煤颗粒-油泡间的 E_{edl}/E_{hyd}。这再次表明，随着 DAH 溶液浓度的降低，DAH 分子在油泡及气泡表面的吸附量下降，从而使得油泡表面较气泡表面的强疏水性性质得以体现。

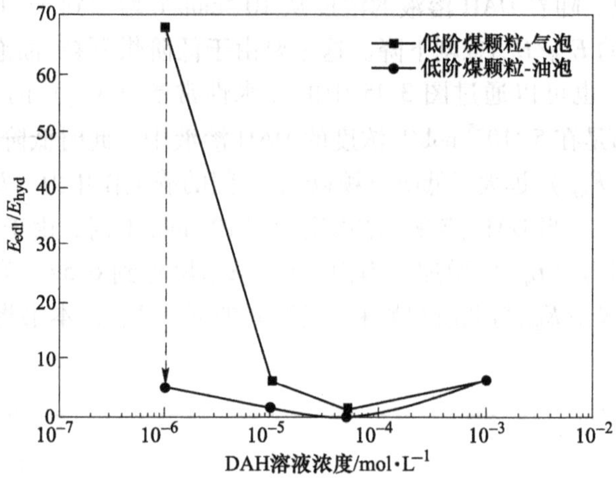

图 3-48　颗粒-油/气泡间的 E_{edl}/E_{hyd} 数值比较

4　低阶煤颗粒与气/油泡间的黏附作用研究

低级煤表面具有丰富的含氧官能团（如羟基、羰基和羧基），这些氧化官能团能显著降低低阶煤表面的疏水性，并且易与水分子形成氢键，从而在低阶煤的表面形成稳定的水化膜。矿物颗粒的疏水性可以通过颗粒与气泡间的诱导时间来表征。在相同的流体动力学条件下，如果颗粒与气泡间的诱导时间较小，则矿物颗粒的浮选效果更好[119]。这是因为诱导时间是水化膜薄化到临界水化膜厚度（h_{cr}）所需要的时间[234]。浮选效果的好坏很大程度上取决于诱导时间，因此，诱导时间可用于评估煤炭工业生产中最终精矿品位和浮选回收率。第3章采用诱导时间仪（2015EZ）测得了低阶煤颗粒-气/油泡间的诱导时间，但是浮选过程的环境要比诱导时间的测试环境复杂得多，因此，诱导时间仪测得的颗粒-气泡间的黏附时间并不是浮选过程中真实的诱导时间。本章通过低阶煤颗粒的浮选动力学试验，并结合颗粒浮选过程的势流模型分析计算低阶煤颗粒-气/油泡间的诱导时间，同时分析低阶煤颗粒在气泡及油泡表面的滑移速率。

4.1　低阶煤煤样的浮选速率试验

本章所用的浮选试验煤样的工业分析结果见表2-17，浮选粒级为0.500~0.025mm。选用较粗粒级低阶煤煤样作为浮选煤样，主要是为了和后续章节测试颗粒在气/油泡表面的滑移时间或速度所用的煤样粒级一致。浮选捕收剂为煤油，表面活性剂为分析级2-乙基己醇（非离子型）、十二烷基胺盐酸盐（DAH：阳离子型）及十二烷基硫酸钠（SDS：阴离子型）。浮选过程在300mL的浮选柱中进行，煤样用量为3.0g，煤油捕收剂的用量为1.63kg/t。全部浮选试验在表面活性剂溶液中进行，表面活性剂溶液的浓度选取10^{-3}mol/L、10^{-4}mol/L、10^{-5}mol/L及10^{-6}mol/L。由于表面活性剂具有一定的起泡性能，故本章浮选过程中均不添加任何起泡剂。

4.1.1　不添加捕收剂的低阶煤浮选速率试验

由于使用的三种捕收剂具有一定的捕收剂性能，故本节的低阶煤的浮选速率试验不添加煤油捕收剂，以便于和后续添加捕收剂的低阶煤颗粒浮选速率试验结果相比较。低阶煤煤样在2-乙基己醇（非离子型）、十二烷基胺盐酸盐（DAH：阳离子型）和十二烷基硫酸钠（SDS：阴离子型）溶液中的浮选试验结果分别如图4-1~图4-3所示。

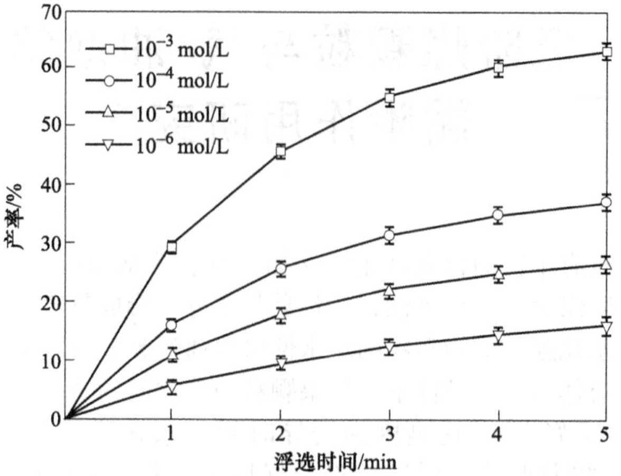

图 4-1　低阶煤颗粒在 2-乙基己醇溶液中的浮选速率试验结果

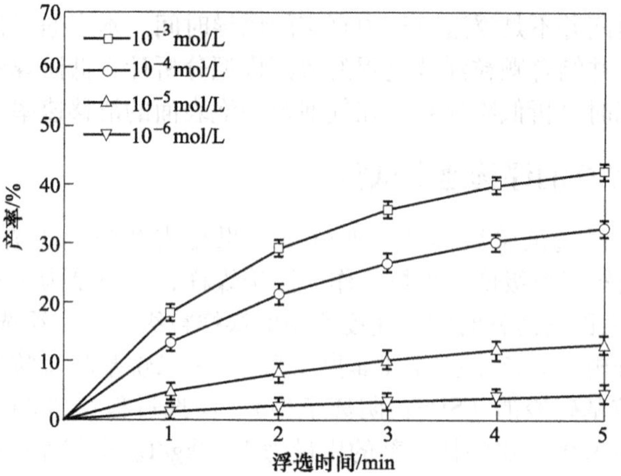

图 4-2　低阶煤颗粒在 DAH 溶液中的浮选速率试验结果

通过图 4-1～图 4-3 中的低阶煤颗粒的浮选速率试验结果可以观察到，随着 3 种表面活性剂溶液浓度的增加，低阶煤颗粒的最大浮选回收率逐渐增加。此外，在 10^{-3}mol/L 的表面活性剂浓度下，2-乙基己醇溶液中的低阶煤颗粒的浮选回收率最大（约为 63.0%）；而在 SDS 溶液中的低阶煤颗粒的浮选回收率最低（约为 19.0%）。低阶煤颗粒在 DAH 溶液中的最大回收率约为 43%。因此，低阶煤颗粒的浮选速率表明非离子型表面活性剂 2-乙基己醇可以很好地改善低阶煤颗粒表面的疏水性。

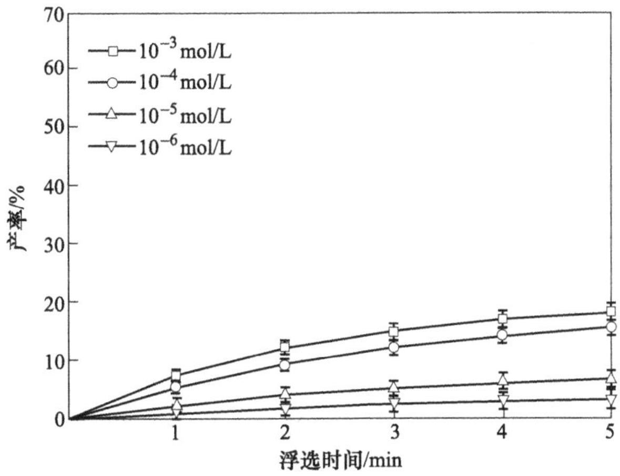

图 4-3 低阶煤颗粒在 SDS 溶液中的浮选速率试验结果

4.1.2 添加捕收剂的低阶煤浮选速率试验

在 2-乙基己醇（非离子型）、十二烷基胺盐酸盐（DAH：阳离子型）和十二烷基硫酸钠（SDS：阴离子型）溶液中分别添加 1.63kg/t 捕收剂（煤油）后的低阶煤颗粒的浮选速率试验结果分别如图 4-4～图 4-6 所示。

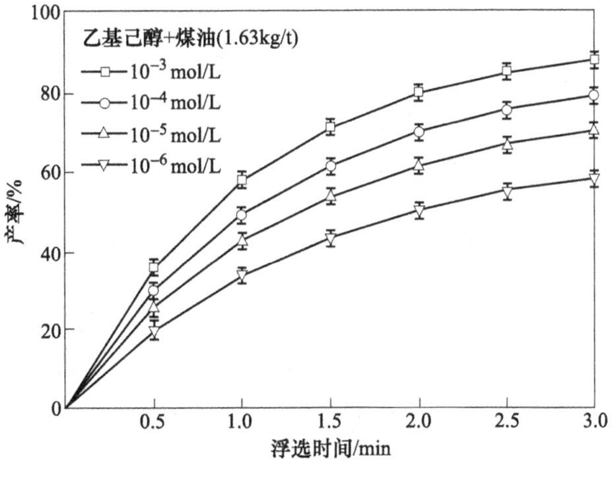

图 4-4 低阶煤颗粒在 2-乙基己醇溶液中的浮选速率试验结果（添加了 1.63kg/t 煤油）

结合图 4-1 和图 4-4 中的试验结果，可以观察到添加 1.63kg/t 捕收剂（煤油）后，2-乙基己醇溶液中最高浮选回收率从约 63.0%增加到了 88.0%；同时，如图 4-5 和图 4-6 所示，DAH 和 SDS 溶液中低阶煤颗粒的浮选回收率也分别从约

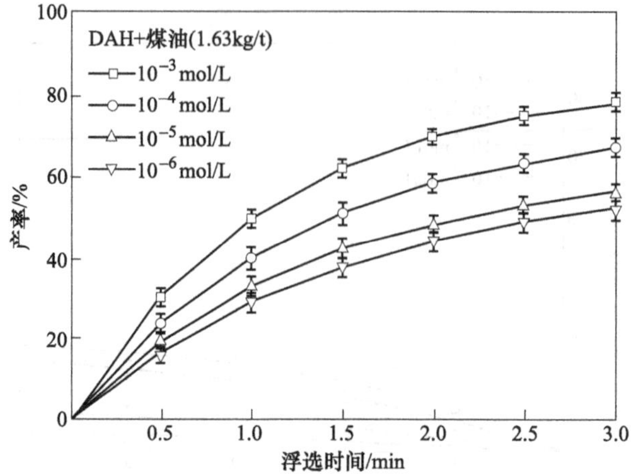

图 4-5　低阶煤颗粒在 DAH 溶液中的浮选速率试验结果（添加了 1.63kg/t 煤油）

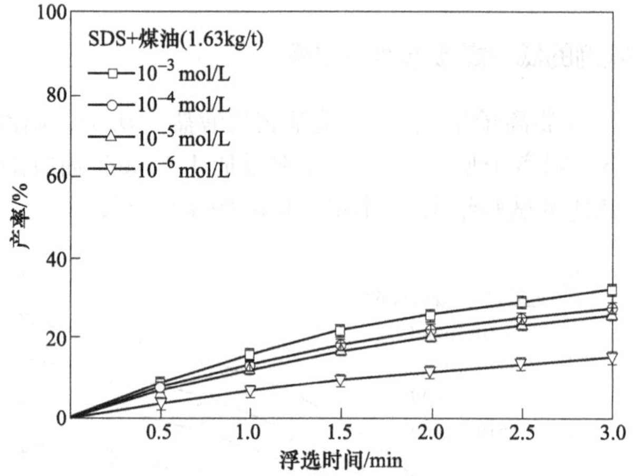

图 4-6　低阶煤颗粒在 SDS 溶液中的浮选速率试验结果（添加了 1.63kg/t 煤油）

43.0%和 18.66%提高到了约 78.0%和 31.59%。因此，添加 1.63kg/t 煤油后的低阶煤颗粒的浮选速率试验结果表明，捕收剂进一步改善了低阶煤表面的疏水性。

4.2　低阶煤颗粒-气泡间的诱导时间计算参数分析

4.2.1　浮选速率常数(k)拟合

依据低阶煤颗粒在上述表面活性剂溶液中的浮选速率结果，低阶煤颗粒的浮选速率常数（k）可以通过拟合一级浮选动力学方程获得：

$$R = R_{max}(1 - e^{-kt}) \tag{4-1}$$

式中，R_{max}为浮选最大回收率；R 为浮选回收率；t 为浮选时间。

采用 LabFit 软件对浮选动力学方程式（4-1）进行参数拟合分析。拟合所得的浮选速率常数如图 4-7 所示。由图 4-7 可以观察到随着表面活性剂的浓度从 10^{-6}mol/L 增加到 10^{-3}mol/L，低阶煤颗粒的浮选速率常数值逐渐增加。此外，在相同浓度下，2-乙基己醇溶液中的低阶煤颗粒浮选速率常数最大，而 SDS 溶液中的低阶煤颗粒浮选速率常数值最小。另外，在 2-乙基己醇和 DAH 溶液中加入煤油捕收剂后，低阶煤颗粒的浮选速率常数明显增加。然而，煤油捕收剂在 SDS 溶液中的加入未能使得低阶煤颗粒的浮选速率常数明显增加。并且，加入了捕收剂的 SDS 溶液，在相同的表面活性剂溶液浓度下，其浮选速率常数也要低于未加入捕收剂的 2-乙基己醇溶液中的低阶煤颗粒浮选速率常数，和未加入捕收剂的 DAH 溶液中的低阶煤颗粒浮选速率常数相接近。这也说明表面活性剂 SDS 未能有效地改善低阶煤颗粒表面的疏水性。

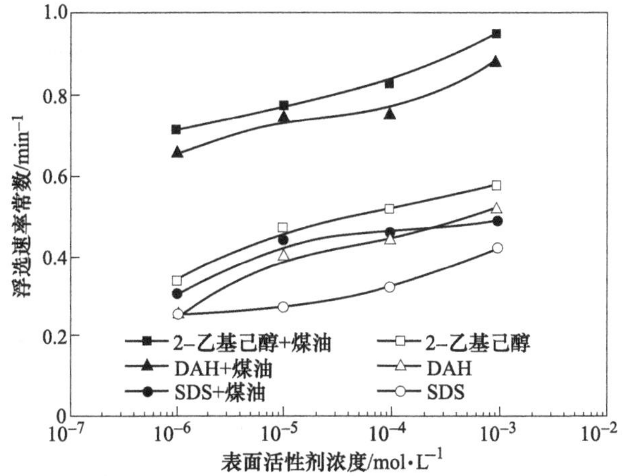

图 4-7 低阶煤颗粒的浮选速率常数拟合结果

4.2.2 浮选流场模型分析

很明显，浮选柱中的气泡-颗粒相互作用过程与机械搅拌槽中的气泡-颗粒间的黏附过程不同。这是因为在柱式浮选过程中，矿物颗粒和气泡之间的碰撞形式呈逆流形式。而机械搅拌式浮选机中的搅拌作用会对流场环境及气泡-颗粒间的黏附过程产生复杂的影响。因此，柱式浮选中的气泡-颗粒间的作用过程较简单，有利于浮选过程中气泡-颗粒间作用模型的建立。

很多文献资料都涉及浮选过程中气泡周围的流体流动情况。当浮选过程中的气泡具有较低雷诺数时，其连续方程和 Navier-Stokes 方程的解析解是可以求得的。此外，对于具有较大雷诺数的气泡，研究者们也研究了一些近似数值解[235,236]。在微浮选过程中，具有非常高的雷诺数的气泡可以利用势流模型来获得其 Navier-Stokes 方程的近似解。在本节中，气泡的雷诺数计算公式如下：

$$Re_b = \frac{D_b \rho_1 U_b}{\mu} \tag{4-2}$$

式中，ρ_1、μ 分别为浮选溶液的密度和黏度，其数值分别为 1000kg/m^3 和 0.001Pa · s；U_b、D_b 分别为气泡上升速度和直径。

在浮选试验中，上升气泡的雷诺数如图 4-8 所示。随着表面活性剂浓度的增加，气泡的雷诺数逐渐降低，但其数值均大于 100。因此，本节使用势流体模型对浮选结果进行理论建模和分析。

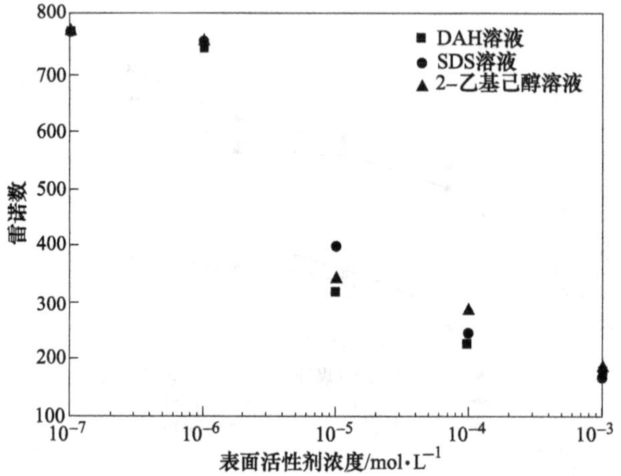

图 4-8　低阶煤颗粒浮选过程中的气泡雷诺数分析

4.2.3　颗粒-气泡黏附过程分析

根据 Sutherland 的理论，固体颗粒进入泡沫产品的总概率（E）和浮选速率常数（k）之间的关系可以描述如下[237]：

$$k = \frac{3}{2}\frac{J_g}{D_b}E = \frac{3}{2}\frac{J_g}{D_b}E_c E_a E_s \tag{4-3}$$

式中，J_g 为气体单位面积流速；D_b 为气泡直径；E_c、E_a、E_s 分别为气泡-颗粒间的碰撞概率、黏附概率及不脱落概率。

其中，气泡-颗粒间的相互碰撞概率（E_c）可以通过水流速度、惯性力和重力来计算，具体公式描述如下[236]：

$$E_c = 1 - \left(\frac{D_b}{D_p + D_b}\right)^3 + \frac{V_s}{U_b + V_s} \tag{4-4}$$

式中，D_p 为低阶煤颗粒直径，取粒级平均值为 0.375mm；U_b 为气泡在不同浓度表面活性剂溶液中的速度；V_s 为低阶煤颗粒的自然沉降末速。

其中 V_s 具体计算公式如下：

$$V_s = V_{stokes}\left[1 + \frac{Ar}{96}(1 + 0.079Ar^{0.749})^{-0.755}\right]^{-1} \tag{4-5}$$

$$V_{stokes} = \frac{2R_p^2(\rho_p - \rho_l)g}{9\mu} = \frac{D_p^2(\rho_p - \rho_l)g}{18\mu} \tag{4-6}$$

$$Ar = \frac{D_p^3(\rho_p - \rho_l)\rho_l g}{\mu^2} \tag{4-7}$$

式中，V_{stokes}为斯托克斯沉降末速；Ar 为阿基米德数；ρ_l、μ 分别为溶液的密度和黏度，其值分别为 1000kg/m^3 和 0.001Pa；ρ_p 为低阶煤颗粒的密度，其值取 1300kg/m^3；g 为重力加速度，其值为 9.81m/s^2。

根据上述公式可得颗粒-气泡的碰撞概率，如图 4-9 所示。由图 4-9 可知，在相同的表面活性剂浓度下，颗粒-气泡间的碰撞概率在 3 种表面活性剂中的数值较接近。随着表面活性剂浓度的增加，颗粒-气泡间的碰撞概率由 0.4 增加到了 0.68。这主要是由于在一定的通气量下，随着表面活性剂浓度的增加，浮选溶液中的气泡数量显著增加，因而气泡与颗粒的碰撞概率增加。

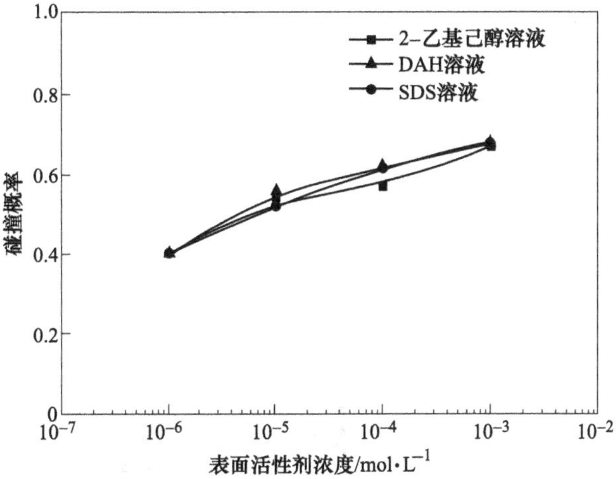

图 4-9 低阶煤颗粒-气泡间的碰撞概率数值

颗粒-气泡间的黏附概率（E_a）建模过程取决于颗粒在气泡表面的滑动过程中的诱导时间、附着时间或颗粒-气泡黏附时间[236,237]。因此，颗粒-气泡间的黏附概率（E_a）模型如式（4-8）所示：

$$E_a = \frac{1}{\cosh^2\left\{\left[1 + \frac{1}{2}\left(\frac{D_b}{D_p + D_b}\right)^3 + \frac{V_s}{U_b}\right]\frac{2\tau U_b}{D_p + D_b}\right\}} \tag{4-8}$$

式中，τ 为颗粒–气泡间的诱导时间。

在势流体模型下，柱浮选过程中，颗粒–气泡间的不脱落概率如式（4-9）所示：

$$E_s = 1 - \exp\left[1 - \frac{3\sigma(1 - \cos\theta_A)}{D_p^2 g(\rho_p - \rho_l)}\right] \tag{4-9}$$

式中，θ_A为颗粒的前进接触角；σ 为浮选溶液的表面张力。

由于式（4-9）中的指数部分远小于 1，故式（4-9）的 E_s 近似为 1。因此，式（4-3）可简化为式（4-10）：

$$k = \frac{3}{2}\frac{J_g}{D_b}E_c E_a \tag{4-10}$$

基于上述分析，低阶煤颗粒–气泡间的黏附概率如图 4-10 和图 4-11 所示。由图 4-10 和图 4-11 可以看出，随着表面活性剂浓度的增加，颗粒–气泡间的黏附概率逐渐降低，这主要是由于高浓度的表面活性剂溶液中产生的气泡尺寸较小（表 4-1），而气泡–颗粒间的碰撞概率较大。因此，在颗粒–气泡间的浮选速率常数（k）差别不是很大的情况下，颗粒–气泡间的黏附概率（E_a）随着表面活性剂浓度的增加而降低。

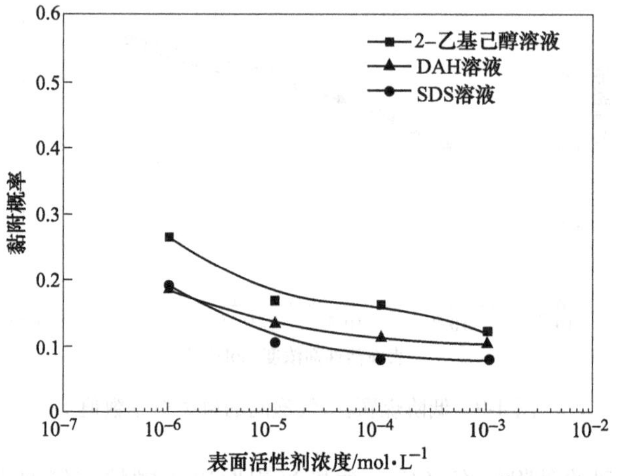

图 4-10 低阶煤颗粒–气泡间的黏附概率（未添加煤油捕收剂）

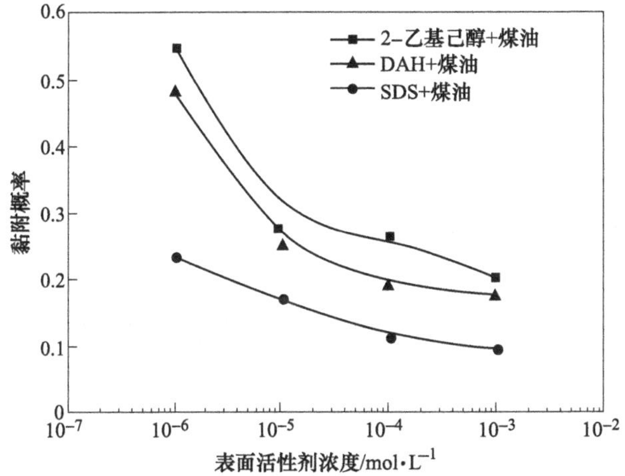

图 4-11 低阶煤颗粒-气泡间的黏附概率（添加了煤油捕收剂 1.63kg/t）

表 4-1 气泡直接及速度

浓度/mol · L^{-1}	气泡参数	2-乙基己醇	DAH	SDS
10^{-3}	D_b/mm	1.11	1.08	1.06
	U_b/cm · s^{-1}	16.73	16.12	15.84
10^{-4}	D_b/mm	1.44	1.25	1.23
	U_b/cm · s^{-1}	19.76	18.28	19.81
10^{-5}	D_b/mm	1.54	1.48	1.61
	U_b/cm · s^{-1}	21.97	21.43	24.56
10^{-6}	D_b/mm	2.42	2.35	2.42
	U_b/cm · s^{-1}	31.34	31.75	31.43

4.3 低阶煤颗粒-气泡间的诱导时间研究

基于上述分析，颗粒-气泡间的反算诱导时间如图 4-12 和图 4-13 所示。由图 4-12 和图 4-13 可以看出，随着表面活性剂溶液浓度的增加，颗粒-气泡间的反算诱导时间逐渐增大，这与浮选的试验效果是相悖的。这主要是由于气泡的尺寸和上升速度对诱导时间计算的影响很大，而气泡的尺寸和上升速度可以用其雷诺数（*Re*）表达。但在相同的表面活性剂溶液浓度下，DAH 溶液中颗粒-气泡间的反算诱导时间基本大于 2-乙基己醇溶液中的颗粒-气泡间的反算诱导时间。这与二者的浮选试验效果相符合。

由图 4-12 可以观察到，当表面活性剂溶液浓度为 10^{-5}mol/L 和 10^{-4}mol/L 时，SDS 溶液中颗粒-气泡间的反算诱导时间要小于 2-乙基己醇及 DAH 溶液中颗粒-

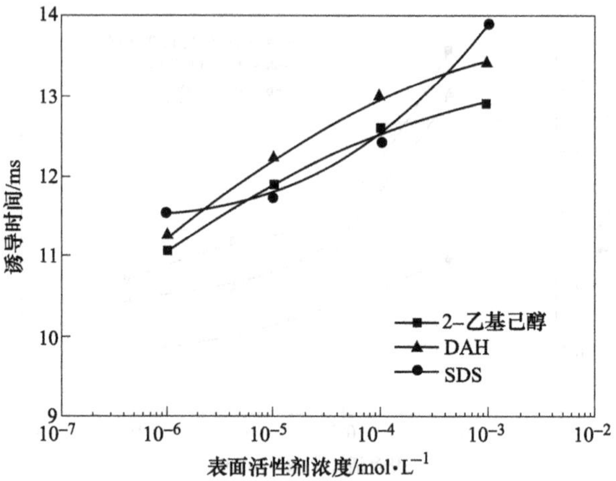

图 4-12　低阶煤颗粒-气泡间的反算诱导时间（未添加煤油捕收剂）

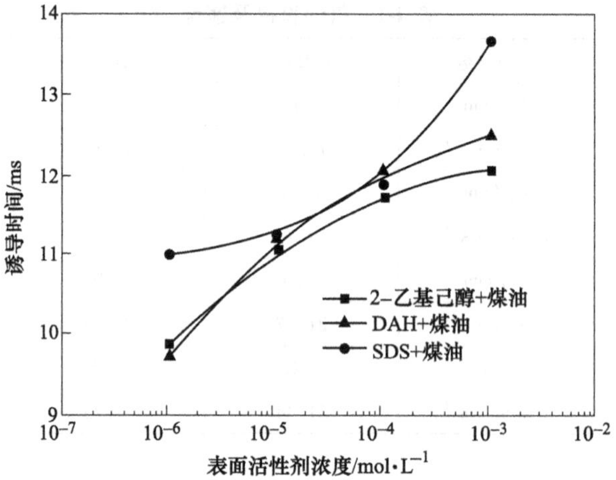

图 4-13　低阶煤颗粒-气泡间的反算诱导时间（添加了煤油捕收剂 1.63kg/t）

气泡间的反算诱导时间。这主要是由于 SDS 的起泡性能要小于 2-乙基己醇及 DAH，因此，在 10^{-5}mol/L 和 10^{-4}mol/L 时 SDS 溶液中的气泡具有较大的上升速度（见表 4-1），故 SDS 溶液中颗粒-气泡间的反算诱导时间要小于 2-乙基己醇及 DAH 溶液中颗粒-气泡间的反算诱导时间。当加入煤油捕收剂后，在表面活性剂溶液浓度为 10^{-4}mol/L 时，SDS 溶液中颗粒-气泡间的反算诱导时间略小于 DAH 溶液中颗粒-气泡间的反算诱导时间。这主要是由于煤油捕收剂的加入，显著提高了低阶煤颗粒的可浮性，从而使得不同表面活性剂溶液中颗粒-气泡间的浮选速率常数（图 4-7）分别增加，削弱了计算过程中气泡上升速度对颗粒-气泡间反算诱导时间的影响。

由图 4-12 和图 4-13 还可以发现，当表面活性剂溶液浓度为 10^{-3} mol/L 和 10^{-6} mol/L 时，SDS 溶液中颗粒-气泡间的反算诱导时间明显高于 2-乙基己醇及 DAH 溶液中颗粒-气泡间的反算诱导时间，这与其浮选效果相符。这要是由于在较低或较高的表面活性剂溶液浓度下，三种表面活性剂溶液中气泡的尺寸及上升速度差别较小，故颗粒-气泡间的反算诱导时间与浮选效果吻合性较好。为了进一步反应气泡尺寸及上升速度对颗粒-气泡间的反算诱导时间的影响，本书拟合出了颗粒-气泡间的反算诱导时间（τ）与气泡雷诺数（*Re*）之间关系，如图4-14 和图 4-15 所示。

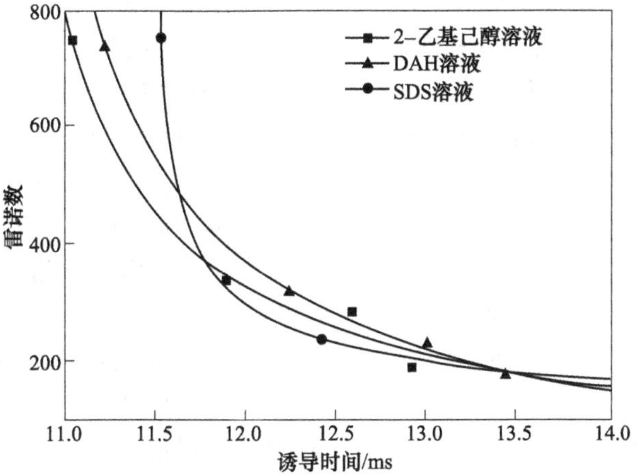

图 4-14　低阶煤颗粒-气泡间的反算诱导时间与气泡雷诺数关系（未添加煤油捕收剂）

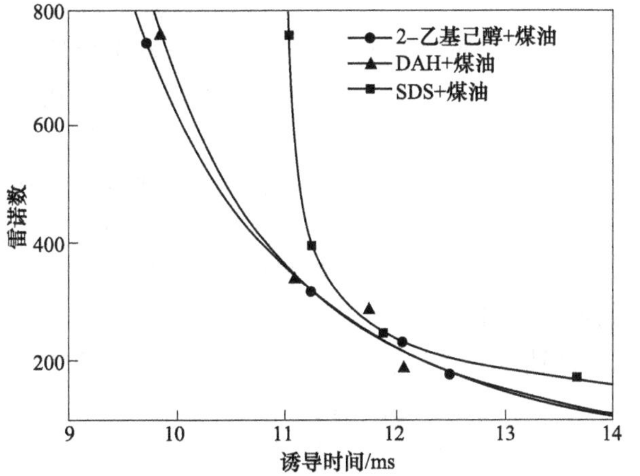

图 4-15　低阶煤颗粒-气泡间的反算诱导时间与气泡雷诺数关系
（添加了煤油捕收剂 1.63kg/t）

由图 4-14 和图 4-15 可以看出，随着气泡雷诺数的增加，低阶煤颗粒-气泡间的反算诱导时间逐渐降低。这主要是由于液膜的薄化过程占诱导时间的 76%～94%，并且液膜的薄化过程主要受到外部作用力的影响[113,231]。施加在液膜上的外部作用力可以用气泡的雷诺数表征。此外，当作用在液膜上的外部压力增加时，颗粒和气泡之间的能垒更容易被克服，因此，颗粒-气泡间的诱导时间将变短[113,238]。如前面所述，在低浓度的表面活性剂溶液中，低阶煤颗粒的浮选回收率较低，但计算的诱导时间较短。这种现象可能看起来矛盾。然而，研究表明当雷诺数很高时，颗粒和气泡之间的能垒将很容易被克服。因此，计算的诱导时间会变短。低浓度的表面活性剂溶液中的低级煤颗粒的浮选回收率较低，这可能归因于低浓度的表面活性剂溶液中颗粒-气泡的碰撞概率低。

由图 4-15 可以发现，在相同的雷诺数下，2-乙基己醇溶液中低阶煤颗粒-气泡间的反算诱导时间最低，而在 SDS 溶液中低阶煤颗粒-气泡间的反算诱导时间最高。这表明 2-乙基己醇分子在低阶煤颗粒表面的吸附，显著提高了低阶煤颗粒表面的疏水性。图 4-15 中的雷诺数与低阶煤颗粒-气泡间的反算诱导时间之间的关系也证实了这一点。当在浮选过程中加入煤油捕收剂时，2-乙基己醇和 DAH 溶液中低阶煤颗粒-气泡间的反算诱导时间变得接近。而 SDS 溶液中低阶煤颗粒-气泡间的反算诱导时间总是大于 2-乙基己醇和 DAH 溶液中低阶煤颗粒-气泡间的反算诱导时间。此外，SDS 溶液中低阶煤颗粒-气泡间的反算诱导时间稍微大于添加了 1.63kg/t 煤油的 SDS 溶液中低阶煤颗粒-气泡间的反算诱导时间。因此，试验表明 SDS 不能用于改善低阶煤颗粒表面的疏水性。

4.4　低阶煤颗粒-油泡间的诱导时间研究

低阶煤颗粒的油泡浮选试验在图 4-16 所示的装置中进行。图中柱体直径 D 为 4.50cm，高度 H 为 20.0cm。图 4-16 中 A 为油泡发生装置，外径为 0.50cm，底部固结在有机玻璃管 B 上。柱体顶部为浮选精矿泡沫收集槽 E，其上连接排料管 C。油泡试验过程中，首先把煤油捕收剂加入有机玻璃管 B，其次通过软管把有机玻璃管 B 的底部连接到气体流量计上。在气流的带动下，有机玻璃管 B 中会形成一层油膜。油膜随气流到达油泡发生装置时，会被油泡发生装置中的空隙切割进而产生油泡。气泡和油泡在发生装置上的产生过程如图 4-17 所示。由图4-17 可以发现，油泡的尺寸要略小于气泡的尺寸。

气/油泡的尺寸及速度计算分别如式（4-11）和式（4-12）所示。

$$D_{\mathrm{b}} = \frac{2}{n}\sum_{i=1}^{n}\left[\frac{(d_{\mathrm{v}})_i}{2}\left(\frac{(d_{\mathrm{h}})_i}{2}\right)^2\right]^{1/3} \tag{4-11}$$

$$U_{\mathrm{b}} = \frac{1}{n}\sum_{i=1}^{n}\left[\frac{(\Delta h)_i}{(\Delta t)_i}\right] \tag{4-12}$$

式中，d_h、d_v分别是上升气/油泡的水平和垂直方向上的直径；Δh、Δt 分别为上升气/油泡的垂直高度差和时间差。

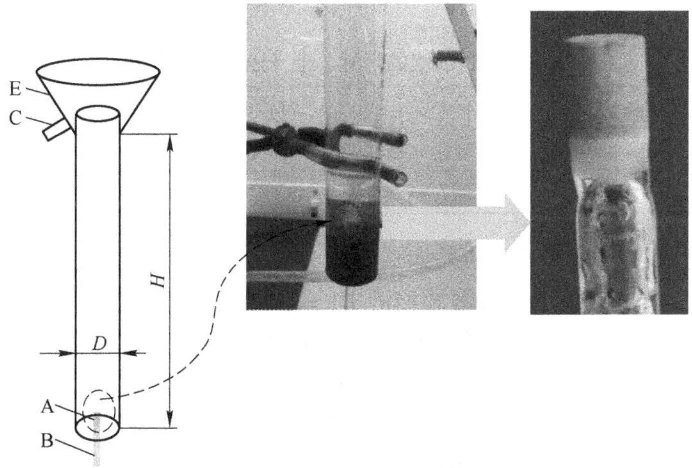

图 4-16 低阶煤颗粒的油/气泡试验装置

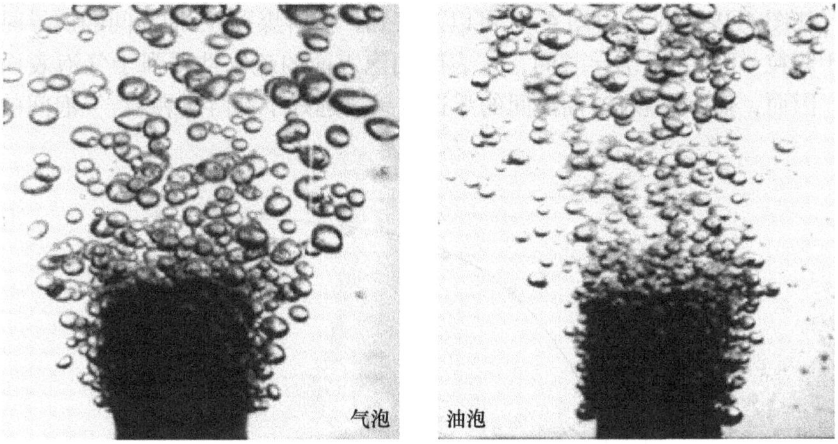

图 4-17 气/油泡在发生装置上的生成过程

气/油泡的统计直径、上升速度及雷诺数见表 4-2。油泡的统计直径略小于气泡的统计直径。油泡的上升速度略小于气泡的上升速度。油泡浮选过程中的捕收剂消耗量的计算方法如下：在不加低阶煤煤样（3g）的情况下，把煤油捕收剂加入图 4-16 中的有机玻璃管 B 中；在通气量为 0. 5L/min 的情况下，通气 180min；关闭空气流量计后，让浮选柱体中的液体静止 60min，然后测量煤油在柱体中形成的厚度层，进而计算出煤油捕收剂质量。在浮选的低阶煤煤样为 3g 的情况下，煤油捕收剂的消耗量为 2. 82kg/(t · min)。当油泡的浮选速率试验最大时长为

2min 时，总的煤油捕收剂的消耗量为 5.64kg/t。当进行气泡浮选时，把 5.64kg/t 的捕收剂加入浮选柱体中进行浮选。本节中所有的浮选过程均不添加任何起泡剂。

表 4-2　气/油泡的尺寸、上升速度及雷诺数

气泡类型	D_b/mm	U_b/cm · s^{-1}	Re_b
油泡	1.32	22.68	299.38
气泡	1.56	23.26	362.86

气/油泡的浮选速率试验结果如图 4-18 所示。由图 4-18 可以看到，在相同的捕收剂消耗量下，低阶煤在气泡和油泡中的最大产率为 25.99%和 95.69%。通过式（4-1）拟合出气泡和油泡的浮选速率常数为 1.35min^{-1} 和 2.30min^{-1}。经过计算，低阶煤颗粒-气泡和低阶煤颗粒-油泡间的反算诱导时间分别为 9.67ms 和 8.46ms。可以看出低阶煤颗粒-油泡间的反算诱导时间要小于颗粒-气泡间的反算诱导时间。这与二者的浮选速率试验结果相符合。为了进一步比较低阶煤颗粒-油泡间的反算诱导时间与颗粒-气泡间的反算诱导时间，本书依据式（4-8）的反函数变换，得到了颗粒-气/油泡间的诱导时间（τ）与其黏附概率（E_a）之间的关系，如图 4-19 所示。由图 4-19 可以观察到，低阶煤颗粒-油泡间的诱导时间始终低于颗粒-气泡间的诱导时间，这表明油泡表面的疏水性要强于气泡表面的疏水性，因而，低阶煤颗粒-油泡间的浮选效果要远好于低阶煤颗粒-气泡间的浮选效果。

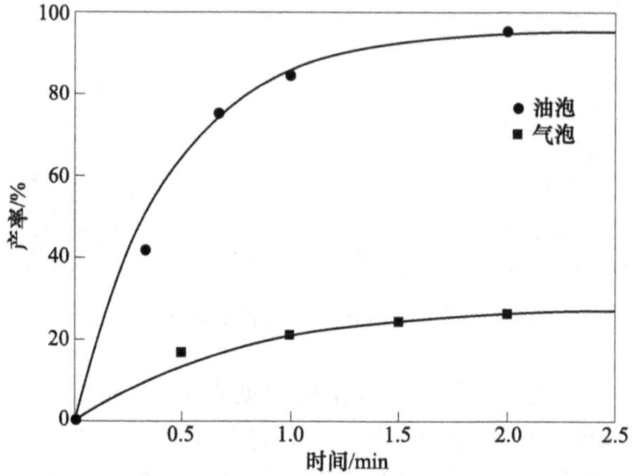

图 4-18　低阶煤颗粒-油/气泡浮选速率试验

上述颗粒-气/油泡间的诱导时间计算值远小于图 3-35 中由诱导时间仪测量的数值。这主要是由于诱导时间仪测量时，气泡接近颗粒床层的最高速度大约为

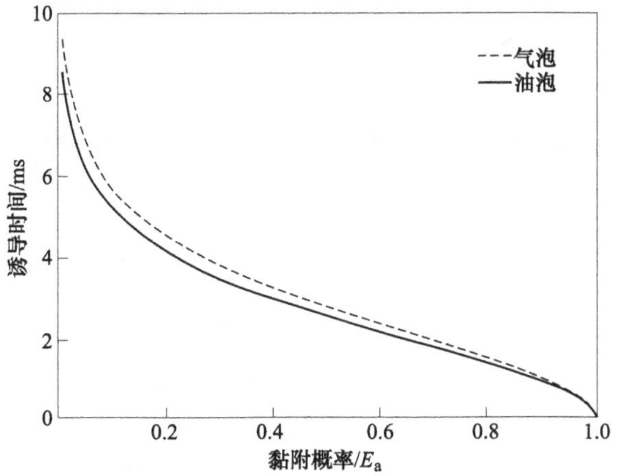

图 4-19 低阶煤颗粒-油/气泡间的诱导时间与黏附概率之间的关系

浮选过程中气泡上升速度的 1/10，而气泡与颗粒碰撞时的速度对颗粒-气泡间的诱导时间值影响很大。

4.5 低阶煤颗粒在气/油泡表面的滑动过程研究

在浮选过程中，颗粒与气泡碰撞接触后，会在气泡的表面产生一个滑动过程。在颗粒滑动的过程中，会完成颗粒-气泡间的水化膜薄化、破裂及三相接触周边（TPC）的形成。颗粒在具有流动性表面气泡上的滑动过程如图 4-20 所示。由图 4-20 可以看出，颗粒与气泡接触后会随着气泡表面的流动而翻动，在这个过程中完成颗粒-气泡间的矿化过程；同时可以观察到，很难记录颗粒在流动性气泡表面的滑动过程。颗粒在非流动油泡表面的滑动过程如图 4-21 所示。由图 4-21 可以看出，具有非流动表面的油泡形状近似为球形，而具有流动性表面的气泡形状呈长条形。因为油泡具有非流动的表面，所以可以很清楚地观察到颗粒在其表面的滑动过程。

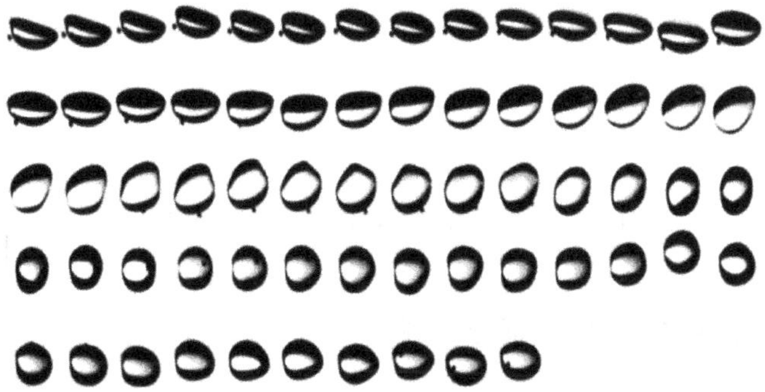

图 4-20 低阶煤颗粒在流动的气泡表面的滑动过程

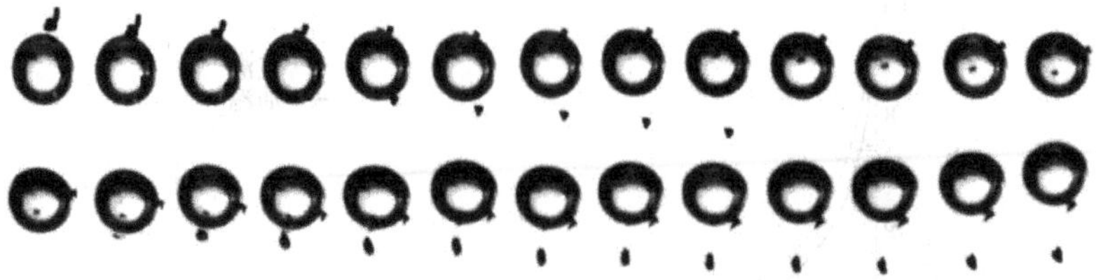

图 4-21　低阶煤颗粒在非流动的油泡表面的滑动过程

为了能够清楚地观察到颗粒在气泡或油泡表面的滑动过程，本书采用了如图 4-22 所示的装置。由图 4-22 可以看出，颗粒在气泡表面滑动形成的角度（θ）定义为：从颗粒与气泡接触时开始到颗粒滑动到气泡底部时为颗粒滑动接触角（θ）。此时，颗粒滑动过程所需的时间为τ，故颗粒在气泡表面的滑动角速度定义如下：

$$\omega = \frac{\theta}{\tau} \tag{4-13}$$

式中，ω 为颗粒滑动角速度，（°）/ms；θ 为滑动过程形成的角度，（°）；τ 为颗粒滑动过程中消耗的时间，ms。

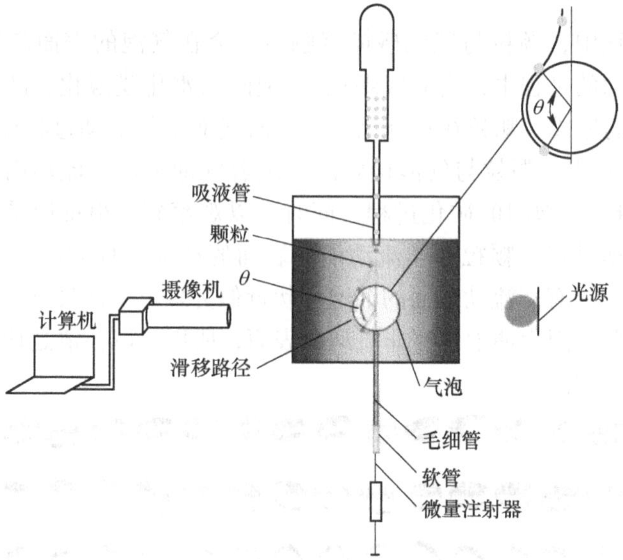

图 4-22　颗粒在气泡表面滑动过程的测试装置

4.5.1　低阶煤颗粒在气泡表面的滑动角速度

颗粒在气泡表面滑动角速度的测试，分别在 2-乙基己醇、DAH 和 SDS 溶液中进行，表面活性剂的浓度选取 10^{-6}mol/L、10^{-5}mol/L、10^{-4}mol/L 及 10^{-3}mol/L。此处需指出，去离子水纯溶液的浓度定义为 10^{-7}mol/L。低阶煤颗粒在 3 种表面活性剂中的气泡表面滑动角速度如图 4-23 所示。同时为了比较颗粒在气泡表面滑动角速度与其浮选效果之间关系，结合图 4-1～图 4-3，可得低阶煤颗粒分别在 2-乙基己醇、DAH 和 SDS 溶液中的最高回收率，如图 4-24 所示。

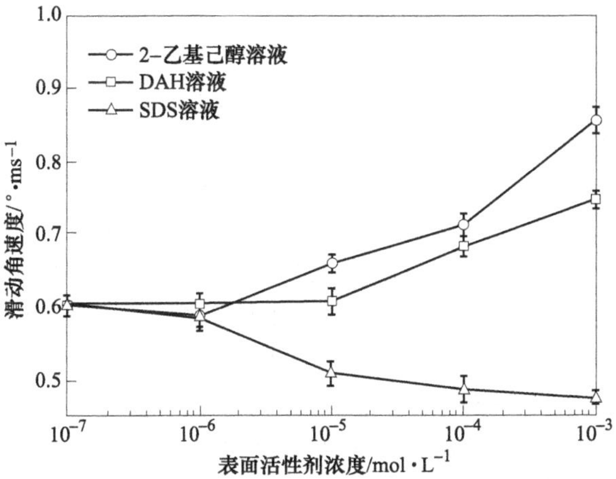

图 4-23 低阶煤颗粒在气泡表面上的滑动角速度

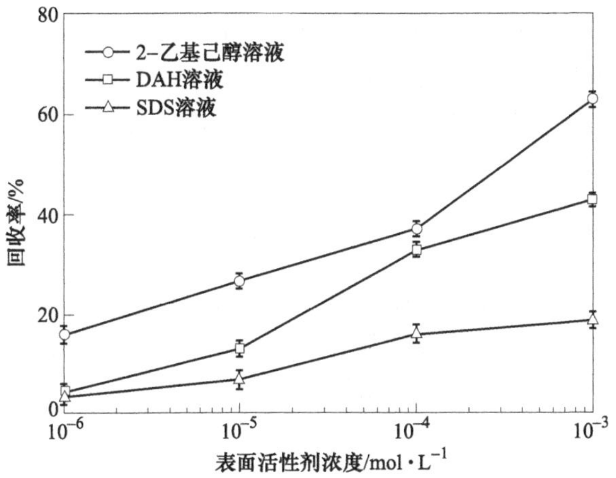

图 4-24 低阶煤颗粒在三种表面活性剂溶液中的浮选回收率

由图 4-23 可以看出，随着 2-乙基己醇和 DAH 溶液浓度的增加，可以观察到低阶煤颗粒在气泡表面的滑动角速度从 0.59°/ms 和 0.60°/ms 大幅增加到 0.85°/ms 和 0.75°/ms。一方面，这可能是因为具有含氧官能团的非离子 2-乙基己醇起到捕收剂作用，2-乙基己醇一端的含氧官能团通过与低阶煤颗粒表面上含氧位点处的氢键相结合，而2-乙基己醇另一端的疏水性烃链朝向气泡表面，这显著增加了低等级煤颗粒的疏水性；另一方面，表面活性剂分子在低阶煤煤颗粒和气泡表面上的吸附会降低表面自由能，这可能有助于低阶煤颗粒在气泡表面上的滑动。此外，非离子型表面活性剂（2-乙基己醇）、阳离子型表面活性剂（DAH）和阴离子型表面活性剂（SDS）在低阶煤颗粒表面的吸附可以降低其表面上润湿水化膜的稳定性[239,240]。因此，2-乙基己醇和DAH溶液中，低阶煤颗粒在气泡表面上的滑动角速度较快，并随着其浮选回收率的增加而增加。

由图4-24可以看出，随着SDS溶液浓度的增加，虽然低阶煤颗粒的浮选回收率从3.48%逐渐增加到18.66%，但是其在气泡表面上的滑动角速度从0.58°/ms下降到了0.47°/ms。这可能是由于吸附在低阶煤颗粒表面的SDS分子中的极性基团指向外，这将增加低级煤表面上润湿水化膜的稳定性[43,136]。此外，Qu等人[241]的研究表明，低阶煤颗粒在高浓度SDS溶液中的浮选回收率下降。图4-24中低阶煤颗粒浮选回收率的增加，可能是由于高浓度SDS溶液中浮选泡沫的稳定性增加，从而导致浮选泡沫夹带量增加。同时还发现，虽然低阶煤颗粒在3种表面活性溶液中的浮选回收率存在明显差异，但低阶煤颗粒在10^{-6}mol/L的2-乙基己醇、DAH和SDS溶液中的滑动角速度非常接近。因此，当表面活性剂浓度高于10^{-6}mol/L时，低阶煤颗粒在气泡表面的滑动角速度可用于评价表面活性剂对低阶煤浮选效果的影响。

从以上分析可以看出，非离子型表面活性剂2-乙基己醇和阳离子型表面活性剂DAH可以提高低阶煤颗粒表面的疏水性，而阴离子型表面活性剂SDS在高浓度条件下可降低低阶煤颗粒表面的疏水性。当表面活性剂浓度大于10^{-6}mol/L时，低阶煤颗粒在气泡表面的滑动角速度可用于评价表面活性剂对低阶煤浮选效果的影响。

4.5.2　低阶煤颗粒在油泡表面的滑动角速度

由于油泡表面属于非流动表面，而气泡在低浓度表面活性剂溶液中具有流动性表面。因此，为了比较低阶煤颗粒在气/油泡表面的滑动角速度，本小节中油泡的生成环境为10^{-3}mol/L的DAH溶液。油泡在10^{-3}mol/L的DAH溶液中的生成过程如图4-25所示。

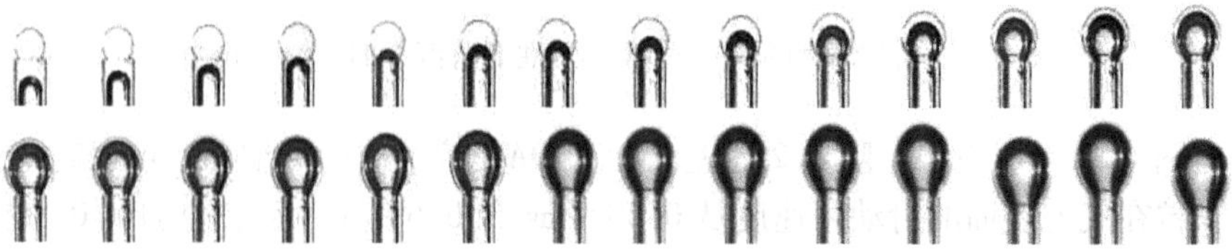

图4-25　油泡在10^{-3}mol/L的DAH溶液中生成过程

由图 4-25 可以观察到，在初始时刻毛细管中的煤油以液滴的形式存在于毛细管顶部。随着毛细管中充气量的增加，毛细管端部的煤油液滴逐渐包裹在气泡表面。在毛细管气泡生成过程中，可以清楚地观察到其表面被一层煤油层包裹。随着毛细管中充气量的进一步增加，气泡表面的煤油层逐渐变薄至消失，最终生成稳定的油泡。单个低阶煤颗粒在油泡表面的滑动过程如图 4-26 所示。

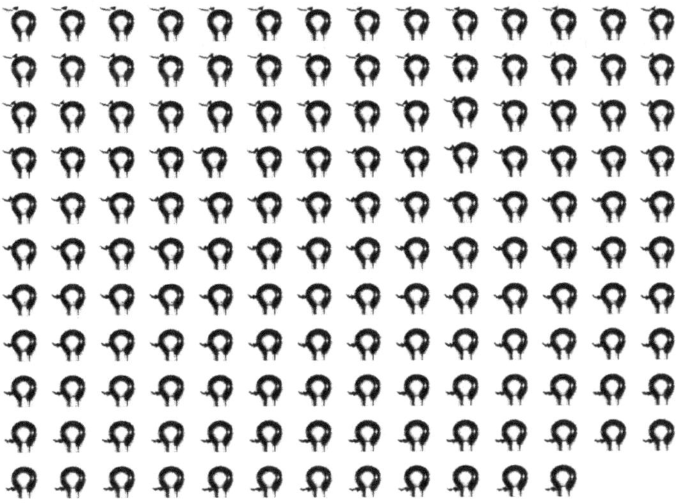

图 4-26 低阶煤颗粒在油泡表面的滑动过程（$\Delta t=1.33$ms）

低阶煤颗粒在气泡及油泡表面的滑动角速度如图 4-27 所示。在 10^{-3}mol/L 的 DAH 溶液中，低阶煤颗粒在油泡及气泡表面的滑动角速度分别约为 0.73°/ms 和 0.75°/ms。在去离子水中，低阶煤颗粒在气泡表面的滑动角速度约为 0.60°/ms。

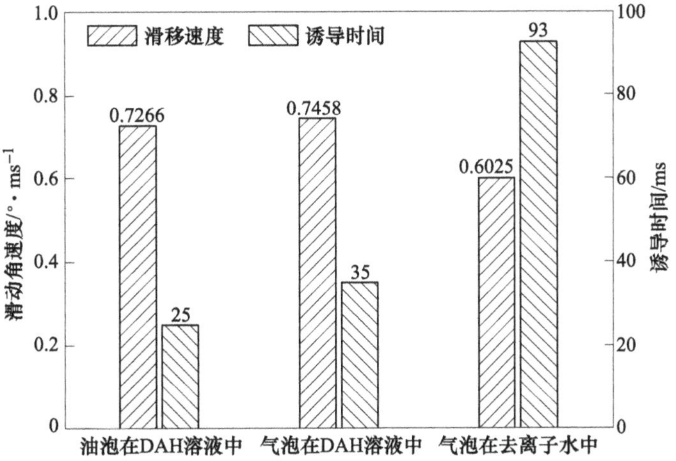

图 4-27 低阶煤颗粒在油泡表面及气泡表面上滑动角速度比较

在 10^{-3}mol/L 的 DAH 溶液中，低阶煤颗粒在油泡表面的滑动角速度略低于煤颗粒在气泡表面的滑动角速度，一方面可能由于油泡表面的黏滞阻力要高于气泡表面的黏滞阻力；另一方面可能是统计过程中低阶煤颗粒的形状、大小及碰撞初速度等对结果造成影响。但低阶煤颗粒在油泡表面的滑动角速度明显高于低阶煤颗粒在气泡表面的滑动角速度。由图 3-35 中的诱导时间结果也可以看出，低阶煤颗粒-油泡间的诱导时间明显低于低阶煤颗粒-气泡间的诱导时间。因此，通过上述分析可知，油泡表面的疏水性优于气泡表面的疏水性。

5 低阶煤浮选过程油泡特性研究

由第1章可知，在浮选过程中，由于介质黏性阻力的影响，上升气泡上半部和下半部表面的流体力学性质和表面活性是不同的，会受到雷诺数、Marangoni参数及动力吸附层的影响。气泡表面由于张力梯度会产生 Marangoni 流动，这种流动会对吸附在气泡表面颗粒的流动方向和速率产生一定影响；同时，运动气泡表面活性剂吸附层浓度的非均匀分布会影响气泡的稳定性、排液速率以及寿命[93,150]。气泡性质主要取决于气泡表面动态吸附层的性质，吸附层性质的测定和分析能很好地反映三相周边形成过程。大量理论研究证明，浮选过程中气泡在浮力的作用下，气泡上部活性剂浓度要大于吸附平衡浓度，而气泡尾活性剂浓度要小于吸附平衡浓度[96,242,243]。因此，本章主要研究单个气泡及油泡在表面活性剂溶液中的上升速度、消泡时间；同时，通过高速摄像技术分析低阶煤颗粒在运动中的气泡及油泡表面的滑动时间。

5.1 气/油泡在表面活性剂溶液中的上升速度研究

气泡及油泡在去离子水或 10^{-3}mol/L 的 DAH 溶液中的上升速度如图 5-1 所示。由图 5-1 可以观察到，气泡在去离子水溶液及 DAH 溶液中上升速度要明显高于油泡在 DAH 溶液中的上升速度。由于气泡在去离子水中具有流动性的表面，其在上升过程中遇到的介质黏性阻力较小，因此，其上升末速达到了约 30.50cm/s。而气泡在 10^{-3}mol/L 的 DAH 溶液中的上升末速度约为 20.90cm/s。这主要是由于运动气泡表面活性剂吸附层浓度的非均匀分布产生的影响。油泡在 10^{-3}mol/L 的 DAH 溶液中的上升末速最低，约为 17.60cm/s。一方面，油泡在上升过程中遇到的介质黏性阻力要高于气泡在 DAH 溶液中遇到的介质黏性阻力；另一方面，由于油泡是气泡表面包裹了一层捕收剂油层形成，因此，在上升过程中，油泡上半部和下半部的表面流体力学性质和表面活性浓度的均匀分布都会影响其上升速度。

由图 5-1 还可以观察到，气泡在去离子水中上升到约 20mm 时才达到了上升末速度，而气泡及油泡在 10^{-3}mol/L 的 DAH 溶液中上升到约 10mm 便达到了上升末速度。这也表明气泡及油泡在 10^{-3}mol/L 的 DAH 溶液上升过程中遇到的介质黏性阻力要明显高于气泡在去离子水中上升过程中遇到的介质黏性阻力。

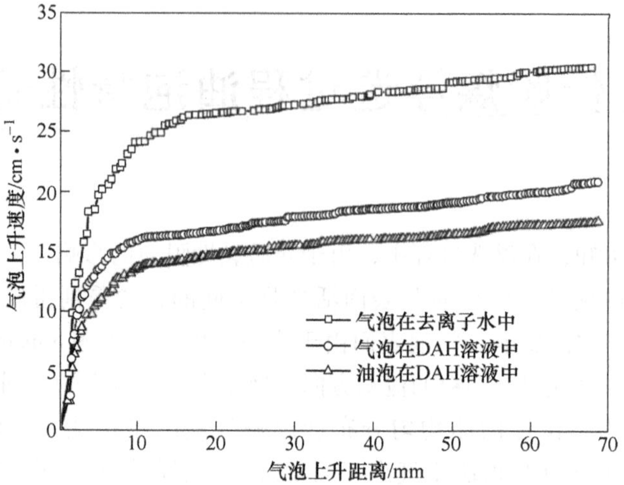

图 5-1　气/油泡在表面活性剂溶液中的上升速度分析（DAH 10^{-3}mol/L）

5.2　单个气/油泡消泡时间研究

本章利用图 3-5 所示装置对气泡及油泡的寿命时间进行了测试。测试过程中，气泡及油泡自毛细管端口运动到方管顶部气液界面的距离为 5cm 和 15cm。气泡及油泡在此运动距离均达到了其上升末速度。单个气泡及油泡的寿命周期如图 5-2 所示。

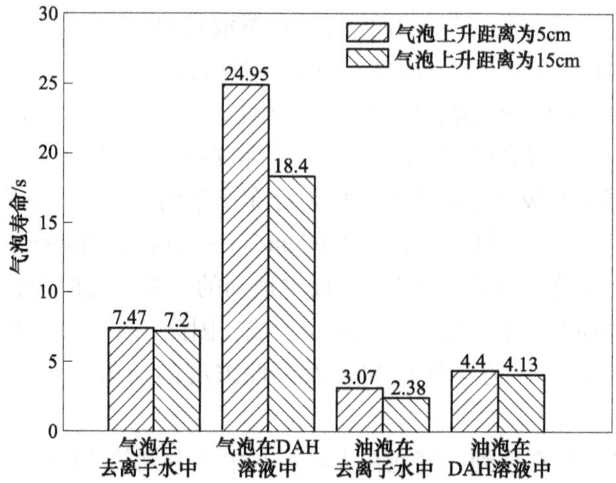

图 5-2　气/油泡在表面活性剂溶液中的寿命周期

由图 5-2 可以观察到，气泡在 10^{-3}mol/L 的 DAH 溶液的寿命周期要明显高于气泡在去离子水中的寿命周期。这主要是由于表面活性剂 DAH 具有起泡剂性能，因此使得气泡在 10^{-3}mol/L 的 DAH 溶液的寿命周期得以延长。当气泡在去离子水中上升 5cm 及 15cm 时，其在气液界面的寿命周期并没有明显区别；而当气泡在 10^{-3}mol/L 的 DAH 溶液中上升 5cm 及 15cm 时，其在气液界面的寿命周期分别为 24.95s 和 18.40s。这主要是由于气泡运动 15cm 后，其表面 DAH 吸附层浓度的非均匀分布程度要高于其运动 5cm 后表面 DAH 吸附层浓度的非均匀分布程度。

油泡在去离子水溶液及 DAH 溶液中的寿命周期要明显低于气泡在去离子水溶液及 DAH 溶液中的水寿命周期。当油泡在去离子水及 DAH 溶液中上升 5cm 及 15cm 时，其在气液界面的寿命周期并没有明显区别。即使 DAH 在油泡表面产生了一定量的吸附，但并没有延长油泡在气液界面的寿命。研究表明，低表面张力的气泡有利于泡沫层的形成，但并不能保证生成的泡沫层具有良好的稳定性。只有当气泡表面形成一定强度的表面膜时，低表面张力才有助于泡沫的稳定[244]。上述实验表明，即使油泡的低表面张力有利于油泡泡沫层的形成，但油泡的表面强度较低，故油泡的生命周期较短。因此，在油泡浮选过程要优化起泡剂的用量，以便于矿化颗粒随油泡进去泡沫层，还要考虑后期油泡泡沫层的稳定性对过滤环节的影响。

5.3 低阶煤颗粒在运动气/油泡表面滑动时间研究

在第 4 章中，我们分析了低阶煤颗粒在固定的气/油泡表面的滑动速度。但浮选过程中，气泡和颗粒处于运动状态，因此，本节利用高速摄像技术分析低阶煤颗粒在气/油泡表面的滑动时间。为了与常规煤炭浮选过程相一致，低阶煤颗粒在气/油泡表面的滑动时间的测试过程在 10^{-3}mol/L 的甲基异丁基甲醇（MIBC）溶液中进行。颗粒在气泡表面滑动的过程如图 5-3 所示。当颗粒与气泡碰撞黏附后，会自初始接触角（θ_T）开始滑动，直至颗粒停止滑动。

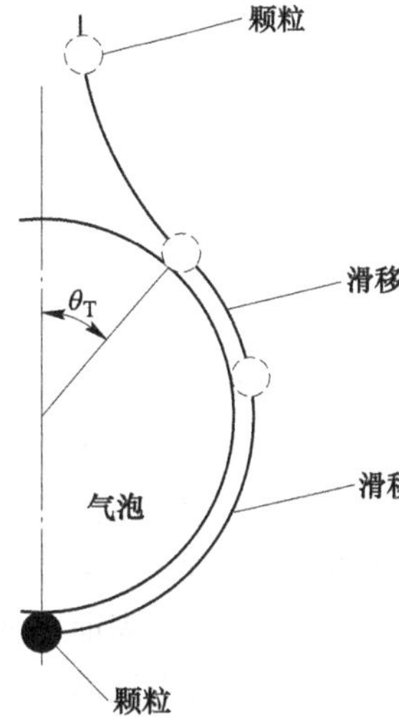

图 5-3 浮选过程中颗粒在气泡表面滑动过程示意图

气泡及油泡在去离子水及 MIBC 溶液中的形状如图 5-4 所示。气泡在去离子水水中具有长条形，而油泡具有近似圆形。因此，为了便于观察低阶煤颗粒在气泡表面的滑动过程，本节选择 10^{-3}mol/L 的甲基异丁基甲醇（MIBC）溶液为低阶煤颗粒在气泡表面的滑动过程测试的溶液环境。如图 5-4 所示，气泡在 10^{-3}mol/L 的甲基异丁基甲醇（MIBC）溶液的形状也近似为球形。气泡及油泡的尺寸、上升末速及雷诺数见表 5-1。气泡的统计直径略小于油泡直径，一方面由于油泡外面包裹的油膜；另一方面，由于煤油的黏度大于去离子水，因此，油泡在毛细管端口长成较大尺寸时才得以脱离，故油泡尺寸略高于气泡尺寸。由 5.1 节分析可知，由于油泡上升过程中遇到的介质黏性阻力要明显高于气泡在溶液中上升过程中遇到的介质黏性阻力，因此，油泡的上升速度小于气泡上升速度。

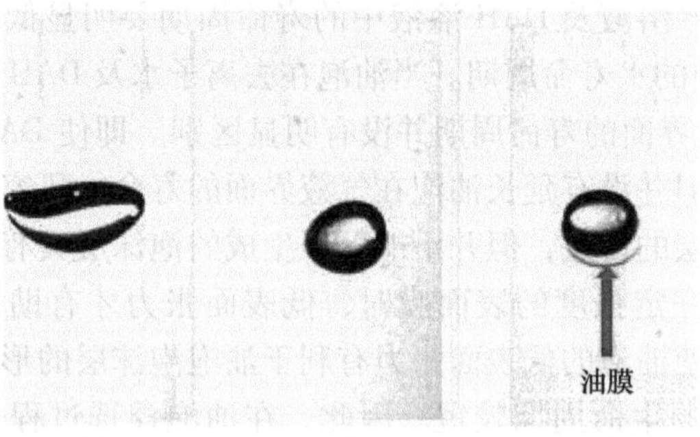

图 5-4　气泡及油泡在去离子水及 MIBC 溶液中的形状示意图

（a）气泡在去离子水中；（b）气泡在 MIBC 中；（c）油泡在 MIBC 中

表 5-1　气/油泡在 MIBC 溶液中的统计直径、上升末速及雷诺数

气泡类型	D_b/mm	U_b/cm · s^{-1}	Re_b
气泡	3.52	18.28	643.5
油泡	3.81	16.61	632.8

由表 5-1 可知，虽然油泡的上升末速略低于气泡的上升末速，但气泡及油泡在 MIBC 溶液中的雷诺数（*Re*）很接近。因此，低阶煤颗粒在气泡和油泡表面的滑动时间的比较是基于相同的流体动力学环境。低阶煤颗粒在气泡和油泡表面的滑动时间的比较如图 5-5 所示。由图 5-5 可以观察到，随着碰撞接触角的增加，低阶煤颗粒在气泡和油泡表面上的滑动时间分别从约 37ms 和 24ms 下降到约 16ms 和 7ms。此外，当颗粒-气泡间的碰撞接触角从约 3°增加到 61°，可以观察到低阶煤颗粒在油泡表面上的滑动时间总是低于低阶煤颗粒在气泡表面上的滑动时间。这可能是由于油泡表面的疏水要强于气泡表面的疏水性。此外，在图 5-4 中可以清晰地观察到油泡表面上的油膜（图 5-4（c）），这也可能对低阶煤颗粒在油泡表面上的滑动时间产生影响。

由图 5-5 还可以观察到，低阶煤颗粒在气泡和油泡表面上的滑动时间差异随着接触角的增加而减小。一方面，这可能是由于低阶煤颗粒在气泡和油泡表面上的滑动距离变小引起的；另一方面，这可能是由于油泡表面的黏滞阻力较大，低

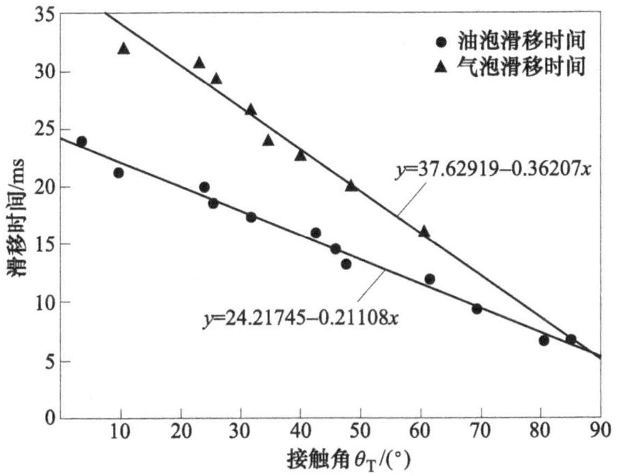

图 5-5 低阶煤颗粒在气泡及油泡表面滑动时间

阶煤颗粒在大多数情况下并没有完全滑动到油泡的底部便停止了运动（图 4-21）。然而，当接触角大于约 61°时，未观察到低阶煤颗粒与气泡的黏附现象，而低阶煤颗粒可以在接触角大于约 61°时与油泡产生碰撞黏附。一方面说明低阶煤颗粒表面的疏水性较差，如表 3-2 中低阶煤颗粒表面含氧官能团的分析；另一方面也说明油泡较气泡具有较高的表面疏水性。因此，低阶煤颗粒在气泡表面的附着及滑动受到最大碰撞接触角（θ_m）的限制。然而，低阶煤颗粒在油泡表面上的最大碰撞接触角约为 85°。因此，上述分析再次说明油泡较气泡具有较高的表面疏水性。

此外，通过拟合后的颗粒在油泡表面的滑动时间与碰撞接触角之间的一次线性关系（见图 5-5）可以计算出，低阶煤颗粒从碰撞接触角为 0°时滑动到油泡底部的时间为 24. 22ms，低阶煤颗粒从碰撞接触角为 90°时滑动到油泡底部的时间为 5. 22ms。因此，可以得到低阶煤颗粒从碰撞接触角为 0°时滑动到油泡底部的时间的一半比低阶煤颗粒从碰撞接触角为 90°时滑动到油泡底部的时间高出约 7ms。这主要是由于油泡在上升过程中，其顶部的煤油捕收剂的浓度分布要低于其尾部煤油捕收剂的浓度分布。这可以通过马朗戈尼效应对上升气泡表面上的表面活性剂浓度的分布影响来解释[91,103]。在真正的浮选过程中，低阶煤颗粒与气/油泡间的碰撞、黏附及滑动过程与诱导时间测试过程单泡与矿物颗粒床层的碰撞及黏附过程有着明显的不同。因此，通过比较低阶煤颗粒在气/油表面的滑动时间的差异来反映二者浮选效果的迥异是有必要的。

6 展　望

尽管科研工作者在低阶煤浮选方面进行了大量的研究和探索，并取得了一定的研究成果，但仍然面临两个关键问题：一是低阶煤具有很强的亲水表面，可浮性差，传统浮选方法的矿化效果差，浮选泡沫层容易产生细粒矸石的机械夹带现象；二是低阶煤表面孔隙发达，浮选过程中捕收剂消耗高（高达 50kg/t 以上），因此，低阶煤浮选技术的推广及应用受到了严重的阻碍。针对上述问题，未来需将低阶煤-油泡浮选基础实验、矿化理论、实验室分选装置及工业分选装置等研究工作进一步深化。诱导时间测试表明，低阶煤颗粒-油泡间的诱导时间要远小于低阶煤颗粒-气泡间的诱导时间，这只能粗略说明油泡表面的疏水性强于气泡，还需通过原子力显微镜（AFM）测试低阶煤颗粒-气/油泡间的相互作用力，弄清影响低阶煤颗粒-气/油泡间黏附过程能垒的主导因素；通过扩展 DLVO 理论分析计算低阶煤颗粒-气/油泡间的相互作用力，并与原子力显微镜（AFM）测试结果相互验证；进一步通过扩展 DLVO 理论提取稳态条件下的疏水力信息，求解非稳态条件下的疏水力。目前研究颗粒-气/油泡间水化膜薄化理论的模型主要有 Stefan-Reynolds 模型、Taylor 方程、Stokes-Reynolds-Young-Laplace 模型以及 Stokes-Reynolds 模型，未来需要基于长程疏水力的液膜失稳及排液动力学，开展低阶煤颗粒-气/油泡间液膜失稳和薄化动力学特征进行测试研究，探索溶液化学条件对液膜变形及排液动力学行为的影响，解析长程疏水力、静电斥力和流体阻力对液膜演化及界面变形行为的驱动机制；仍需开展低阶煤颗粒-气/油捕获时三相接触周边扩展行为研究，弄清液膜厚度、失稳临界点、薄化速度等参数的演化规律，探索低阶煤表面粗糙度、孔隙对固体表面空气截留和再分布的影响，研究纳米气泡-气泡临界破裂厚度，揭示低阶煤颗粒-气/油三相接触周边形成与扩展机制。目前，油泡的制造方法主要有高温气化法和常温零调浆法。高温气化法在实验过程中产生高温油蒸气，具有一定的安全隐患；常温零调浆法装置的浮选过程操作和控制较为复杂，且没有尾矿排出口，不能实现连续分选，而且浮选过程中产生的尾矿会不断堆积在浮选槽体底部，容易堵塞烧结玻璃片，进而影响油泡的产生，同时，二者浮选过程中的药剂消耗量无法精确控制，捕收剂用量的过多或过少都会影响油砂的分选效果，因此，未来仍需开发高效的低阶煤油泡浮选设备。

附　　录

附录 1　流体动力学模型拟合代码

```
clear;clc;
Data=xlsread('fit. xlsx');
t=Data(:,1);
r=Data(:,2);
theta=Data(:,3);
[m,~]=size(Data);
stheta=zeros(m,1);
dt=t(2)-t(1);
for k=2:m
   stheta(k)=stheta(k-1)+ (theta(k-1)^3+theta(k)^3)/2*dt;
end
M=[t,-stheta];
a=inv(M'*M)*M'*r;
A=a(2);
thetam=(a(1)/a(2))^(1/3);
SST=(mean(r)-r)'*(mean(r)-r);
SSR=(M*a-r)'*(M*a-r);
R_square=1-SSR/SST;
tt=0:0.01:t(end);
rt=zeros(size(tt));
n=length(tt);
thetat=interp1(t,theta,tt,'spline');
dt=tt(2)-tt(1);
for k=2:n
   rt(k)=rt(k-1)+(2*thetam^3-thetat(k-1)^3-thetat(k)^3)/2*dt;
end
rt=rt*A;
plot(tt,rt,t,r)
```

附录 2　分子-动力学模型群智能算法代码

```
clear;clc;
Data=xlsread('fit. xls');
Amax=250;
Amin=0. 001;
Bmax=300;
Bmin=-300;
Cmax=30;
Cmin=-30;
lamad1=3;
lamad2=3;
M=500;
N=500;
A=rand(1,N) * (Amax-Amin)+Amin;
B=rand(1,N) * (Bmax-Bmin)+Bmin;
C=rand(1,N) * (Cmax-Cmin)+Cmin;
f=zeros(1,N);
for i=1:N
  f(i)=costfun(Data,[A(i),B(i),C(i)]);
  [ ,n]=find(f==min(f));
  fg=min(f);
end
fb=fg;
vb=[A(n),B(n),C(n)];
vg=vb;
%主程序
J=zeros(1,M);
for k=1:M
  for i=1:N
    A(i)=A(i)+(vb(1)-A(i)) * lamad1 * rand+(vg(1)-A(i)) * lamad2 * rand;
    B(i)=B(i)+(vb(2)-B(i)) * lamad1 * rand+(vg(2)-B(i)) * lamad2 * rand;
    C(i)=C(i)+(vb(3)-C(i)) * lamad1 * rand+(vg(3)-C(i)) * lamad2 * rand;
    %%%%%%%%%%%%%%%%%%%%
A(i)=(A(i)>Amax) * Amax+(A(i)<Amin) * Amin+(A(i)<=Amax&&A(i)>=
```

```
Amin) * A(i);
B(i)=(B(i)>Bmax) * Bmax+(B(i)<Bmin) * Bmin+(B(i)<=Bmax&&B(i)>=
Bmin) * B(i);
C(i)=(C(i)>Cmax) * Cmax+(C(i)<Cmin) * Cmin+(C(i)<=Cmax&&C(i)>=
Cmin) * C(i);
  end
  for i=1:N
  f(i)=costfun(Data,[A(i),B(i),C(i)]);
  [,n]=find(f==min(f));
  fg=min(f);
  end
  vg=[A(n),B(n),C(n)];
  if(fg<fb)
    fb=fg;
    vb=[A(n),B(n),C(n)];
  end
  J(k)=costfun(Data,vb(1,:));
end
plot(J);
title('迭代误差越小越好 ');
disp('代价函数最终迭代值')
J(end)
disp('搜索到的 A B C 分别为')
vb
```

参 考 文 献

[1] 刘炯天. 煤炭提质技术与输配方案的战略研究 [M]. 北京: 科学出版社, 2014.

[2] 王占勇. 特大群矿型选煤厂建设、管理模式的探索与实践 [J]. 内蒙古煤炭经济, 2009 (3): 16~20.

[3] 陈海旭. 我国褐煤燃前脱灰脱水提质现状 [J]. 中国煤炭, 2009, 35 (4): 98~101.

[4] 陈清如, 骆振福. 干法选煤评述 [J]. 选煤技术, 2003 (6): 34~40.

[5] 喻大华. 低级煤的热浮选 [J]. 现代矿业, 1996 (19): 15~19.

[6] BP G. BP statistical review of world energy [J]. BP World Energy Review, 2014.

[7] HOŁYSZ L. Surface free energy and floatability of low-rank coal [J]. Fuel, 1996, 75 (6): 737~742.

[8] BOLAT E, SALǦAM S, PIŞKIN S. The effect of oxidation on the flotation properties of a Turkish bituminous coal [J]. Fuel Processing Technology, 1998, 55 (2): 101~105.

[9] 李少章, 朱书全. 低阶煤泥浮选的研究 [J]. 煤炭工程, 2004 (12): 60~62.

[10] 王永刚, 周剑林, 林雄超. 低阶煤含氧官能团赋存状态及其对表面性质的影响 [J]. 煤炭科学技术, 2013, 41 (9): 182~184.

[11] 刘文礼, 高丰, 赵红霞. 风化氧化对煤可浮性影响的试验研究 [J]. 煤炭加工与综合利用, 2003 (5): 11~13.

[12] 王全强. 改善难浮煤泥浮选效果的途径探讨 [J]. 选煤技术, 2005 (1): 38~40.

[13] SARIKAYA M, OZBAYOGLU G. Flotation characteristics of oxidized coal [J]. Fuel, 1995, 74 (2): 291~294.

[14] FUERSTENAU D W, YANG G C C, LASKOWSKI J S. Oxidation phenomena in coal flotation part I. Correlation between oxygen functional group concentration, immersion wettability and salt flotation response [J]. Coal Preparation, 1987, 4 (3~4): 161~182.

[15] 王泽南, 谢广元. FCMC 型浮选柱处理难浮煤的探讨 [J]. 煤炭工程, 2006 (5): 86~88.

[16] 李国洲, 谢广元, 代敬龙, 等. 物理-化学交互作用对煤炭浮选的影响 [J]. 选煤技术, 2007 (2): 5~7.

[17] BLOM L, EDELHAUSEN L, VANKREVELEN D W. Chemical structure and properties of coal, XVIII. Oxygen groups in coal and related products [J]. Fuel, 1957, 36 (2): 135~153.

[18] DEY S. Enhancement in hydrophobicity of low rank coal by surfactants—A critical overview [J]. Fuel Processing Technology, 2012, 94 (1): 151~158.

[19] FUERSTENAU D W, ROSENBAUM J M, LASKOWSKI J. Effect of surface functional groups on the flotation of coal [J]. Colloids & Surfaces, 1983, 8 (2): 153~173.

[20] XIA W, YANG J. Effect of pre-wetting time on oxidized coal flotation [J]. Powder Technology, 2013, 250 (12): 63~66.

[21] 辛海会, 王德明, 仲晓星, 等. 褐煤颗粒表面官能团的分布特征 [J]. 光谱实验室, 2012, 29 (2): 690~693.

[22] GIRCZYS J. The effect of redox conditions on the floatability of coal [J]. Coal Preparation, 1993, 13 (1~2): 21~30.

[23] CHANDER S, POLAT H, MOHAL B. Flotation and wettability of a low-rank coal in the presence of surfactants [J]. Minerals & Metallurgical Processing, 1994, 11 (1): 55~61.

[24] DEY S, PAUL G M, PANI S. Flotation behaviour of weathered coal in mechanical and column flotation cell [J]. Powder Technology, 2013, 246: 689~694.

[25] XIA W, YANG J, ZHU B. Flotation of oxidized coal dry-ground with collector [J]. Powder Technology, 2012, 228 (3): 324~326.

[26] SOKOLOVIC J M, STANOJLOVIC R D, MARKOVIC Z S. Activation of oxidized surface of anthracite waste coal by attrition [J]. Fizykochemiczne Problemy Mineralurgii-Physicochemical Problems of Mineral Processing, 2012, 48 (1): 5~18.

[27] FENG D, ALDRICH C. Effect of preconditioning on the flotation of coal [J]. Chemical Engineering Communications, 2005, 192 (7): 972~983.

[28] OZKAN S G. Effects of simultaneous ultrasonic treatment on flotation of hard coal slimes [J]. Fuel, 2012, 93 (1): 576~580.

[29] ÇıNAR M. Floatability and desulfurization of a low-rank (Turkish) coal by low-temperature heat treatment [J]. Fuel Processing Technology, 2009, 90 (10): 1300~1304.

[30] ÖZBAYOǦLU G, DEPCI T, ATAMAN N. Effect of microwave radiation on coal flotation [J]. Energy Sources Part A Recovery Utilization & Environmental Effects, 2009, 31 (6): 492~499.

[31] SAHOO B K, DE S, MEIKAP B C. Improvement of grinding characteristics of Indian coal by microwave pre-treatment [J]. Fuel Processing Technology, 2011, 92 (10): 1920~1928.

[32] 萨布里耶，皮斯金，杜淑凤. 预混合对阿马斯拉氧化煤浮选的影响 [J]. 煤质技术，2000 (1): 39~41.

[33] 李登新，吴家珊. 热处理低阶煤的表面性质及其对型煤抗压强度的影响 [J]. 煤炭转化，1994 (2): 31~36.

[34] 李拥军，吕玉庭，聂丽君，等. 褐煤热水干燥后的浮选特性研究 [J]. 煤炭分析及利用，1996 (4): 24~26.

[35] XIA W, YANG J, ZHAO Y, et al. Improving floatability of Taixi anthracite coal of mild oxidation by grinding [J]. 2012, 48 (2): 393~401.

[36] XIA W C, YANG J G, ZHU B. The improvement of grindability and floatability of oxidized coal by microwave pre-treatment [J]. Energy Sources Part A Recovery Utilization & Environmental Effects, 2014, 36 (1): 23~30.

[37] JENA M S, BISWAL S K, RUDRAMUNIYAPPA M V. Study on flotation characteristics of oxidised Indian high ash sub-bituminous coal [J]. International Journal of Mineral Processing, 2008, 87 (1~2): 42~50.

[38] ATEŞOK G, ÇELIK M S. A new flotation scheme for a difficult-to-float coal using pitch additive in dry grinding [J]. Fuel, 2000, 79 (12): 1509~1513.

[39] NIMERICK K H, SCOTT B E, 金永铎. 氧化煤浮选的新方法 [J]. 矿产保护与利用，

1981 (3): 75~79.

[40] JIA R, HARRIS G H, FUERSTENAU D W. An improved class of universal collectors for the flotation of oxidized and/or low-rank coal [J]. International Journal of Mineral Processing, 2000, 58 (1): 99~118.

[41] 杨阳. 低阶煤浮选的试验研究 [J]. 煤炭工程, 2013, 45 (3): 105~107.

[42] POLAT H, POLAT M, CHANDER S. Kinetics of dispersion of oil in the presence of PEO/PPO tri block copolymers [J]. AIChE J, 1999, 45 (9): 1866~1874.

[43] CEYLAN K, KÜÇÜK M Z. Effectiveness of the dense medium and the froth flotation methods in cleaning some Turkish lignites [J]. Energy conversion and management, 2004, 45 (9): 1407~1418.

[44] CEBECI Y. The investigation of the floatability improvement of Yozgat Ayrıdam lignite using various collectors [J]. Fuel, 2002, 81 (3): 281~289.

[45] POLAT M, POLAT H, CHANDER S. Physical and chemical interactions in coal flotation [J]. International Journal of Mineral Processing, 2003, 72 (1~4): 199~213.

[46] 成浩, 杨亚平. 细粒级难选煤用 FO 合成浮选药剂的研究 [J]. 煤炭加工与综合利用, 1998 (2): 27~31.

[47] 林玉清, 林麟, 徐长江, 等. 对改善氧化煤泥表面疏水性药剂的研究 [J]. 选煤技术, 2001 (1): 24~25.

[48] 郭德, 张秀梅. 高效浮选促进剂的研究 [J]. 煤炭科学技术, 2002, 30 (11): 54~56.

[49] 张秀梅, 郭德. 难浮煤浮选促进剂的研究 [J]. 煤炭工程, 2005 (1): 47~48.

[50] XIA W, YANG J, LIANG C. Improving oxidized coal flotation using biodiesel as a collector [J]. International Journal of Coal Preparation and Utilization, 2013, 33 (4): 181~187.

[51] ZHANG W, TANG X. Flotation of lignite pretreated by sorbitan monooleate [J]. Physicochemical Problems of Mineral Processing, 2014, 50 (2): 759~766.

[52] 郭梦熊, 肖泽俊. 不同挥发分煤的浮选理论与实践 [J]. 煤炭科学技术, 1999, 27 (1): 46~48.

[53] HUSSAIN S A, DEMIRCÎ, ÖZBAYOǦLU G. Zeta potential measurements on three clays from Turkey and effects of clays on coal flotation [J]. Journal of Colloid and Interface Science, 1996, 184 (2): 535~541.

[54] VAMVUKA D, AGRIDIOTIS V. The effect of chemical reagents on lignite flotation [J]. International journal of mineral processing, 2001, 61 (3): 209~224.

[55] GARCIA A B, MOINELO S R, MARTINEZ-TARAZONA M, et al. Influence of weathering process on the flotation response of coal [J]. Fuel, 1991, 70 (12): 1391~1397.

[56] 周强, 卢寿慈. 表面活性剂在浮选中的复配增效作用 [J]. 金属矿山, 1993 (8): 28~31.

[57] WEN W W, SUN S C. Electrokinetic study on the amine flotation of oxidized coal. [For separation from ash and pyrites] [J]. Trans. Soc. Min. Eng. AIME (United States), 1977, 262 (2): 174~180.

[58] 徐博, 徐岩. 煤泥浮选技术与实践 [M]. 北京: 化学工业出版社, 2006.

[59] GÜRSES A, DOYMUŞ K, DOǦAR Ç, et al. Investigation of agglomeration rates of two Turkish lignites [J]. Energy conversion and management, 2003, 44 (8): 1247~1257.

[60] ÜNAL 0, ERŞAN M G. Oil agglomeration of a lignite treated with microwave energy: Effect of particle size and bridging oil [J]. Fuel processing technology, 2005, 87 (1): 71~76.

[61] 李安，李萍，陈松梅．炼焦煤深度降灰脱硫的研究 [J]．煤炭学报，2007, 32 (6): 639~642.

[62] 罗道成，易平贵．提高细粒褐煤造粒浮选效果的试验研究 [J]．煤炭学报，2002, 27 (4): 406~411.

[63] 高淑玲，刘炯天．低阶煤表面改性制备超净煤初探 [J]．煤炭技术，2004, 23 (9): 68~70.

[64] 徐初阳，郭立颖，聂容春，等．百善煤的结构特征及可浮选性研究 [J]．煤炭工程，2004 (5): 54~57.

[65] ZHANG H, LIU Q. Lignite cleaning in NaCl solutions by the reverse flotation technique [J]. Physicochemical Problems of Mineral Processing, 2015, 51 (2): 695~706.

[66] GRACIAA A, MOREL G, SAULNER P, et al. The ζ-potential of gas bubbles [J]. Journal of Colloid and Interface Science, 1995, 172 (1): 131~136.

[67] YANG C, DABROS T, LI D, et al. Measurement of the zeta potential of gas bubbles in aqueous solutions by microelectrophoresis method [J]. Journal of Colloid and Interface Science, 2001, 243 (1): 128~135.

[68] LIU J, MAK T, ZHOU Z, et al. Fundamental study of reactive oily-bubble flotation [J]. Minerals Engineering, 2002, 15 (9): 667~676.

[69] SAULNIER P, BOURIAT P, MOREL G, et al. Zeta potential of air bubbles in solutions of binary mixtures of surfactants (monodistributed nonionic/anionic surfactant mixtures) [J]. Journal of Colloid and Interface Science, 1998, 200 (1): 81~85.

[70] ELMAHDY A M, MIRNEZAMI M, FINCH J A. Zeta potential of air bubbles in presence of frothers [J]. International Journal of Mineral Processing, 2008, 89 (1): 40~43.

[71] BUENO-TOKUNAGA A, PÉREZ-GARIBAY R, MARTÍNEZ-CARRILLO D. Zeta potential of air bubbles conditioned with typical froth flotation reagents [J]. International Journal of Mineral Processing, 2015, 140: 50~57.

[72] CHO S, KIM J, CHUN J, et al. Ultrasonic formation of nanobubbles and their zeta-potentials in aqueous electrolyte and surfactant solutions [J]. Colloids and Surfaces A: Physicochemical and Engineering Aspects, 2005, 269 (1): 28~34.

[73] USHIKUBO F Y, ENARI M, FURUKAWA T, et al. Zeta-potential of micro-and/or nano-bubbles in water produced by some kinds of gases [J]. IFAC Proceedings Volumes, 2010, 43 (26): 283~288.

[74] WU C, WANG L, HARBOTTLE D, et al. Studying bubble-particle interactions by zeta potential distribution analysis [J]. Journal of Colloid and Interface Science, 2015, 449: 399~408.

[75] KUSUMA A M, LIU Q, ZENG H. Understanding interaction mechanisms between pentlandite

and gangue minerals by zeta potential and surface force measurements [J]. Minerals Engineering, 2014, 69: 15~23.

[76] DUAN J, WANG J, GUO T, et al. Zeta potentials and sizes of aluminum salt precipitates-effect of anions and organics and implications for coagulation mechanisms [J]. Journal of Water Process Engineering, 2014, 4: 224~232.

[77] NGUYEN A V, PHAN C M, EVANS G M. Effect of the bubble size on the dynamic adsorption of frothers and collectors in flotation [J]. International Journal of Mineral Processing, 2006, 79 (1): 18~26.

[78] 王志龙，郭红宇，李佟茗，等. 气泡长大技术测定表面活性剂溶液的动表面张力 [J]. 化工学报，1999, 50 (4): 463~468.

[79] PHAN C M, NGUYEN A V, EVANS G M. Dynamic adsorption of sodium dodecylbenzene sulphonate and dowfroth 250 onto the air-water interface [J]. Minerals engineering, 2005, 18 (6): 599~603.

[80] BASAŘOVÁ P, SUCHANOVÁ H, SOUŠKOVÁ K, et al. Bubble adhesion on hydrophobic surfaces in solutions of pure and technical grade ionic surfactants [J]. Colloids and Surfaces A: Physicochemical and Engineering Aspects, 2017, 522: 485~493.

[81] BASAŘOVÁ P, VÁCHOVÁ T, MOORE G, et al. Bubble adhesion onto the hydrophobic surface in solutions of non-ionic surface-active agents [J]. Colloids and Surfaces A: Physicochemical and Engineering Aspects, 2016, 505: 64~71.

[82] LIU W, PAWLIK M, HOLUSZKO M. The role of colloidal precipitates in the interfacial behavior of alkyl amines at gas-liquid and gas-liquid-solid interfaces [J]. Minerals Engineering, 2015, 72: 47~56.

[83] LE T N, PHAN C M, NGUYEN A V, et al. An unusual synergistic adsorption of MIBC and CTAB mixtures at the air-water interface [J]. Minerals engineering, 2012, 39: 255~261.

[84] PHAN C M, LE T N, YUSA S. A new and consistent model for dynamic adsorption of CTAB at air/water interface [J]. Colloids and Surfaces A: Physicochemical and Engineering Aspects, 2012, 406: 24~30.

[85] SALAMAH A, PHAN C M, PHAM H G. Dynamic adsorption of cetyl trimethyl ammonium bromide at decane/water interface [J]. Colloids and Surfaces A: Physicochemical and Engineering Aspects, 2015, 484: 313~317.

[86] NGUYEN C V, NGUYEN T V, PHAN C M. Dynamic adsorption of a gemini surfactant at the air/water interface [J]. Colloids and Surfaces A: Physicochemical and Engineering Aspects, 2015, 482: 365~370.

[87] NGUYEN C V, NGUYEN T V, PHAN C M. Adsorption of alkyltrimethylammonium bromide surfactants at the air/water interface [J]. International Journal of Heat and Mass Transfer, 2017, 106: 1035~1040.

[88] GEORGE J E, CHIDANGIL S, GEORGE S D. A study on air bubble wetting: Role of surface wettability, surface tension, and ionic surfactants [J]. Applied Surface Science, 2017, 410:

117~125.

[89] NGUYEN T B, PHAN C M. Surface flow of surfactant layer on air/water interface [J]. Colloids and Surfaces A: Physicochemical and Engineering Aspects, 2017, 530: 72~75.

[90] DUKHIN S S, LOTFI M, KOVALCHUK V I, et al. Dynamics of rear stagnant cap formation at the surface of rising bubbles in surfactant solutions at large Reynolds and Marangoni numbers and for slow sorption kinetics [J]. Colloids and Surfaces A: Physicochemical and Engineering Aspects, 2016, 492: 127~137.

[91] NIECIKOWSKA A, ZAWALA J, MILLER R, et al. Dynamic adsorption layer formation and time of bubble attachment to a mica surface in solutions of cationic surfactants (C_nTABr) [J]. Colloids and Surfaces A: Physicochemical and Engineering Aspects, 2010, 365 (1): 14~20.

[92] DUNÉR G, GAROFF S, PRZYBYCIEN T M, et al. Transient Marangoni transport of colloidal particles at the liquid/liquid interface caused by surfactant convective-diffusion under radial flow [J]. Journal of Colloid and Interface Science, 2016, 462: 75~87.

[93] SHARMA A, RUCKENSTEIN E. Effects of surfactants on wave-induced drainage of foam and emulsion films [J]. Colloid & Polymer Science, 1988, 266 (1): 60~69.

[94] KRASOWSKA M, ZAWALA J, MALYSA K. Air at hydrophobic surfaces and kinetics of three phase contact formation [J]. Advances in colloid and interface science, 2009, 147: 155~169.

[95] WARSZYŃSKI P, JACHIMSKA B, MAŁYSA K. Experimental evidence of the existence of non-equilibrium coverages over the surface of the floating bubble [J]. Colloids and Surfaces A: Physicochemical and Engineering Aspects, 1996, 108 (2~3): 321~325.

[96] JACHIMSKA B, WARSZYÑSKI P, MAŁYSA K. Effect of motion on lifetime of bubbles at n-butanol solution surface [J]. Colloids and Surfaces A: Physicochemical and Engineering Aspects, 1998, 143 (2~3): 429~440.

[97] JACHIMSKA B, WARSZYNSKI P, MALYSA K. Influence of adsorption kinetics and bubble motion on stability of the foam films formed at n-octanol, n-hexanol and n-butanol solution surface [J]. Colloids and Surfaces A: Physicochemical and Engineering Aspects, 2001, 192 (1): 177~193.

[98] KRZAN M, MALYSA K. Effect of n-alkanol adsorption on profiles of the bubble local velocities: surfactants and dispersed systems in theory and Practice [C]//Suruz Conference Preceedings, Polanica Zdrój, 2003.

[99] KRZAN M, MALYSA K. Profiles of local velocities of bubbles in n-butanol, n-hexanol and n-nonanol solutions [J]. Colloids and Surfaces A: Physicochemical and Engineering Aspects, 2002, 207 (1): 279~291.

[100] KRZAN M, MALYSA K. Influence of electrolyte presence on bubble motion in solutions of sodium n-alkylsulfates (C8, C10, C12) [J]. Physicochemical Problems of Mineral Processing, 2012, 48 (1): 49~62.

[101] KRZAN M, LUNKENHEIMER K, MALYSA K. On the influence of the surfactant's polar

group on the local and terminal velocities of bubbles [J]. Colloids and Surfaces A: Physicochemical and Engineering Aspects, 2004, 250 (1): 431~441.

[102] KOWALCZUK P B, ZAWALA J, KOSIOR D, et al. Three-phase contact formation and flotation of highly hydrophobic polytetrafluoroethylene in the presence of increased dose of frothers [J]. Industrial & Engineering Chemistry Research, 2016, 55 (3): 839~843.

[103] MALYSA K, KRASOWSKA M, KRZAN M. Influence of surface active substances on bubble motion and collision with various interfaces [J]. Advances in Colloid and Interface Science, 2005, 114: 205~225.

[104] ZAWALA J, KOSIOR D, MALYSA K. Formation and influence of the dynamic adsorption layer on kinetics of the rising bubble collisions with solution/gas and solution/solid interfaces [J]. Advances in Colloid and Interface Science, 2015, 222: 765~778.

[105] ZAWALA J, MALYSA K. Influence of the impact velocity and size of the film formed on bubble coalescence time at water surface [J]. Langmuir, 2011, 27 (6): 2250~2257.

[106] ZAWALA J, DORBOLO S, VANDEWALLE N, et al. Bubble bouncing at a clean water surface [J]. Physical Chemistry Chemical Physics, 2013, 15 (40): 17324~17332.

[107] KOSIOR D, ZAWALA J, KRASOWSKA M, et al. Influence of n-octanol and α-terpineol on thin film stability and bubble attachment to hydrophobic surface. [J]. Physical Chemistry Chemical Physics Pccp, 2013, 15 (7): 2586~2595.

[108] KOWALCZUK P B, ZAWALA J, DRZYMALA J, et al. Influence of hexylamine on kinetics of flotation and bubble attachment to the quartz surface [J]. Separation Science and Technology, 2016, 51 (15~16): 2681~2690.

[109] YOON R. The role of hydrodynamic and surface forces in bubble-particle interaction [J]. International Journal of Mineral Processing, 2000, 58 (1): 129~143.

[110] 王淀佐,等. 矿物加工学 [M]. 北京: 中国矿业大学出版社, 2003.

[111] NGUYEN A V, EVANS G M. Attachment interaction between air bubbles and particles in froth flotation [J]. Experimental Thermal and Fluid Science, 2004, 28 (5): 381~385.

[112] ALBIJANIC B, OZDEMIR O, NGUYEN A V, et al. A review of induction and attachment times of wetting thin films between air bubbles and particles and its relevance in the separation of particles by flotation [J]. Advances in Colloid and Interface Science, 2010, 159 (1): 1~21.

[113] WANG W, ZHOU Z, NANDAKUMAR K, et al. An induction time model for the attachment of an air bubble to a hydrophobic sphere in aqueous solutions [J]. International Journal of Mineral Processing, 2005, 75 (1): 69~82.

[114] STECHEMESSER H, NGUYEN A V. Time of gas-solid-liquid three-phase contact expansion in flotation [J]. International Journal of Mineral Processing, 1999, 56 (1~4): 117~132.

[115] VERRELLI D I, ALBIJANIC B. A comparison of methods for measuring the induction time for bubble-particle attachment [J]. Minerals Engineering, 2015, 80: 8~13.

[116] SVEN-NILSSON I. Effect of contact time between mineral and air bubbles on flotation [J]. Kol Loid, 1934, 69: 230~232.

[117] EIGELES M A, VOLOVA M L. Kinetic investigation of effect of contact time, temperature and surface condition on the adhesion of bubbles to mineral surfaces [C], 1960.

[118] YE Y, KHANDRIKA S M, MILLER J D. Induction-time measurements at a particle bed [J]. International Journal of Mineral Processing, 1989, 25 (3~4): 221~240.

[119] YOON R H, YORDAN J L. Induction time measurements for the quartz—amine flotation system [J]. Journal of Colloid & Interface Science, 1991, 141 (2): 374~383.

[120] GU G, XU Z, NANDAKUMAR K, et al. Effects of physical environment on induction time of air-bitumen attachment [J]. International Journal of Mineral Processing, 2003, 69 (1-4): 235~250.

[121] SU L, XU Z, MASLIYAH J. Role of oily bubbles in enhancing bitumen flotation [J]. Minerals Engineering, 2006, 19 (6): 641~650.

[122] ZHOU F, WANG L, XU Z, et al. Application of reactive oily bubbles to bastnaesite flotation [J]. Minerals Engineering, 2014, 64: 139~145.

[123] ZHOU F, WANG L, XU Z, et al. Interaction of reactive oily bubble in flotation of bastnaesite [J]. Journal of Rare Earths, 2014, 32 (8): 772~778.

[124] ZHOU F, WANG L, XU Z, et al. Role of reactive oily bubble in apatite flotation [J]. Colloids and Surfaces A: Physicochemical and Engineering Aspects, 2017, 513: 11~19.

[125] BRABCOVÁ Z, KARAPANTSIOS T, KOSTOGLOU M, et al. Bubble-particle collision interaction in flotation systems [J]. Colloids and Surfaces A: Physicochemical and Engineering Aspects, 2015, 473: 95~103.

[126] DOBBY G S, FINCH J A. A model of particle sliding time for flotation size bubbles [J]. Journal of Colloid & Interface Science, 1986, 109 (2): 493~498.

[127] SCHULZE H J. Hydrodynamics of Bubble-Mineral Particle Collisions [J]. Mineral Processing & Extractive Metallurgy Review, 1989, 5 (1): 43~76.

[128] SCHULZE H J, RADOEV B, GEIDEL T, et al. Investigations of the collision process between particles and gas bubbles in flotation-A theoretical analysis [J]. International Journal of Mineral Processing, 1989, 27 (27): 263~278.

[129] VAN A N. On the sliding time in flotation [J]. International Journal of Mineral Processing, 1993, 37: 1~25.

[130] VERRELLI D I, KOH P T, BRUCKARD W J, et al. Variations in the induction period for particle-bubble attachment [J]. Minerals Engineering, 2012, 36: 219~230.

[131] VERRELLI D I, KOH P T, NGUYEN A V. Particle-bubble interaction and attachment in flotation [J]. Chemical Engineering Science, 2011, 66 (23): 5910~5921.

[132] VERRELLI D I, BRUCKARD W J, KOH P T, et al. Particle shape effects in flotation. Part 1: Microscale experimental observations [J]. Minerals Engineering, 2014, 58: 80~89.

[133] HASSAS B V, CALISKAN H, GUVEN O, et al. Effect of roughness and shape factor on flotation characteristics of glass beads [J]. Colloids & Surfaces A Physicochemical & Engineering Aspects, 2016, 492: 88~99.

[134] KRASOWSKA M, FERRARI M, LIGGIERI L, et al. Influence of n-hexanol and n-octanol on

wetting properties and air entrapment at superhydrophobic surfaces [J]. Physical Chemistry Chemical Physics, 2011, 13 (20): 9452~9457.

[135] NIECIKOWSKA A, KRASOWSKA M, RALSTON J, et al. Role of surface charge and hydrophobicity in the three-phase contact formation and wetting film stability under dynamic conditions [J]. The Journal of Physical Chemistry C, 2012, 116 (4): 3071~3078.

[136] KRASOWSKA M, MALYSA K. Wetting films in attachment of the colliding bubble [J]. Advances in Colloid and Interface Science, 2007, 134: 138~150.

[137] MANEV E D, NGUYEN A V. Critical thickness of microscopic thin liquid films [J]. Advances in Colloid and Interface Science, 2005, 114: 133~146.

[138] KRASOWSKA M, MALYSA K. Kinetics of bubble collision and attachment to hydrophobic solids: I. Effect of surface roughness [J]. International Journal of Mineral Processing, 2007, 81 (4): 205~216.

[139] NGUYEN A V, SCHULZE H J, NGUYEN A V, et al. Colloidal science of flotation [M]. New York: CRC Press, 2004: 1~850.

[140] ISRAELACHVILI J, PASHLEY R. The hydrophobic interaction is long range, decaying exponentially with distance [J]. Nature, 1982, 300 (5890): 341~342.

[141] CHRISTENSON H K, CLAESSON P M. Direct measurements of the force between hydrophobic surfaces in water [J]. Advances in Colloid and Interface Science, 2001, 91 (3): 391~436.

[142] RABINOVICH Y I, YOON R. Use of atomic force microscope for the measurements of hydrophobic forces [J]. Colloids and Surfaces A: Physicochemical and Engineering Aspects, 1994, 93: 263~273.

[143] ATTARD P. Bridging bubbles between hydrophobic surfaces [J]. Langmuir, 1996, 12 (6): 1693~1695.

[144] PODGORNIK R, PARSEGIAN V A. Forces between CTAB-covered glass surfaces interpreted as an interaction-driven surface instability [J]. The Journal of Physical Chemistry, 1995, 99 (23): 9491~9496.

[145] TSEKOV R, SCHULZE H J. Hydrophobic forces in thin liquid films: Adsorption contribution [J]. Langmuir, 1997, 13 (21): 5674~5677.

[146] PAN L, JUNG S, YOON R. Effect of hydrophobicity on the stability of the wetting films of water formed on gold surfaces [J]. Journal of Colloid and Interface Science, 2011, 361 (1): 321~330.

[147] PARKINSON L, RALSTON J. The interaction between a very small rising bubble and a hydrophilic titania surface [J]. The Journal of Physical Chemistry C, 2010, 114 (5): 2273~2281.

[148] MANICA R, PARKINSON L, RALSTON J, et al. Interpreting the dynamic interaction between a very small rising bubble and a hydrophilic titania surface [J]. The Journal of Physical Chemistry C, 2009, 114 (4): 1942~1946.

[149] MANICA R, KLASEBOER E, CHAN D Y. The hydrodynamics of bubble rise and impact with

solid surfaces [J]. Advances in Colloid and Interface Science, 2016, 235: 214~232.

[150] IVANOV I B, DIMITROV D S, SOMASUNDARAN P, et al. Thinning of films with deformable surfaces: Diffusion-controlled surfactant transfer [J]. Chemical Engineering Science, 1985, 40 (1): 137~150.

[151] CHAN D Y, KLASEBOER E, MANICA R. Film drainage and coalescence between deformable drops and bubbles [J]. Soft Matter, 2011, 7 (6): 2235~2264.

[152] CHAN D Y, KLASEBOER E, MANICA R. Theory of non-equilibrium force measurements involving deformable drops and bubbles [J]. Advances in Colloid and Interface Science, 2011, 165 (2): 70~90.

[153] MANICA R, CONNOR J N, DAGASTINE R R, et al. Hydrodynamic forces involving deformable interfaces at nanometer separations [J]. Physics of Fluids, 2008, 20 (3): 1~12.

[154] MANICA R, CONNOR J N, CARNIE S L, et al. Dynamics of interactions involving deformable drops: Hydrodynamic dimpling under attractive and repulsive electrical double layer interactions [J]. Langmuir, 2007, 23 (2): 626~637.

[155] MANOR O, VAKARELSKI I U, STEVENS G W, et al. Dynamic forces between bubbles and surfaces and hydrodynamic boundary conditions [J]. Langmuir, 2008, 24 (20): 11533~11543.

[156] 刘J, 李长根, 林森. 活性油泡浮选基础研究 [J]. 国外金属矿选矿, 2003, 40 (2): 15~21.

[157] XU Z, LIU J, ZHOU Z. Selective reactive oily bubble carriers in flotation processes and methods of generation and uses thereof [Z]. Google Patents, 2005.

[158] ZHOU F, WANG L, XU Z, et al. Reactive oily bubble technology for flotation of apatite, dolomite and quartz [J]. International Journal of Mineral Processing, 2015, 134: 74~81.

[159] WALLWORK V, XU Z, MASLIYAH J. Bitumen recovery with oily air bubbles [J]. The Canadian Journal of Chemical Engineering, 2003, 81 (5): 993~997.

[160] PENG F F, LI H R. Oil-coated air bubble flotation to improve coal flotation rate and recovery [J]. Preprint-Society of Mining Engineers of AIME, 1991, 77 (91): 25~28.

[161] 于伟, 王永田. 神府低阶煤油泡浮选试验研究 [J]. 煤炭科学技术, 2015, 43 (10): 152~157.

[162] 李甜甜. 伊泰低阶煤煤泥浮选试验研究 [D]. 徐州: 中国矿业大学, 2014.

[163] XIA W, YANG J. Experimental design of oily bubbles in oxidized coal flotation [J]. Gospodarka Surowcami Mineralnymi-Mineral Resources Management, 2013, 29 (4): 129~136.

[164] TARKAN H M, BAYLISS D K, FINCH J A. Investigation on foaming properties of some organics for oily bubble bitumen flotation [J]. International Journal of Mineral Processing, 2009, 90 (1): 90~96.

[165] TARKAN H M, FINCH J A. Air-assisted solvent extraction: towards a novel extraction process [J]. Minerals Engineering, 2005, 18 (1): 83~88.

[166] 李振, 于伟, 杨超, 等. 油泡浮选技术探讨 [J]. 中国矿业, 2013, 22 (10): 117~120.

[167] 屈进州．低阶煤活性油泡浮选行为与浮选工艺研究 [D]．徐州：中国矿业大学，2015.
[168] PATIL D P，LASKOWSKI J S. Development of zero conditioning procedure for coal reverse flotation [J]. Minerals Engineering，2008，21（5）：373~379.
[169] 谢广元．选矿学 [M]．徐州：中国矿业大学出版社，2010.
[170] 桂夏辉，刘炯天，陶秀祥，等．难浮煤泥浮选速率试验研究 [J]．煤炭学报，2011，36（11）：1895~1900.
[171] CILEK E C. The effect of hydrodynamic conditions on true flotation and entrainment in flotation of a complex sulphide ore [J]. International Journal of Mineral Processing，2009，90（1）：35~44.
[172] 宋波，支玉文，曾德东，等．煤泥浮选最佳粒度的探讨 [J]．煤炭加工与综合利用，2001（1）：16~18.
[173] 张慧．煤孔隙的成因类型及其研究 [J]．煤炭学报，2001，26（1）：40~44.
[174] ROUQUEROL J，AVNIR D，FAIRBRIDGE C W，et al. Recommendations for the characterization of porous solids（Technical Report）[J]. Pure and Applied Chemistry，1994，66（8）：1739~1758.
[175] 张慧，王晓刚，员争荣，等．煤中显微裂隙的成因类型及其研究意义 [J]．岩石矿物学杂志，2002，21（3）：278~284.
[176] 陈萍，唐修义．低温氮吸附法与煤中微孔隙特征的研究 [J]．煤炭学报，2001，26（5）：552~556.
[177] 周剑林，王永刚，黄鑫，等．低阶煤中含氧官能团分布的研究 [J]．燃料化学学报，2013，41（2）：134~138.
[178] 翁诗甫，徐怡庄．傅里叶变换红外光谱分析 [M]．北京：化学工业出版社，2016.
[179] ZOU W，CAO Y，LIU J，et al. Wetting process and surface free energy components of two fine liberated middling bituminous coals and their flotation behaviors [J]. Powder Technology，2013，246：669~676.
[180] 朱明华，胡坪．仪器分析 [M]. 4 版．北京：高等教育出版社，2008.
[181] 屈进州，陶秀祥，唐龙飞，等．神东低阶煤浮选前后表面性质的表征研究 [J]．中国煤炭，2014，40（8）：88~92.
[182] 段旭琴，王祖讷．煤显微组分表面含氧官能团的 XPS 分析 [J]．辽宁工程技术大学学报（自然科学版），2010，29（3）：498~501.
[183] 马玲玲，秦志宏，张露，等．煤有机硫分析中 XPS 分峰拟合方法及参数设置 [J]．燃料化学学报，2014，42（3）：277~283.
[184] CHIANG Y，LEE C，LEE H. Surface chemistry of polyacrylonitrile-and rayon-based activated carbon fibers after post-heat treatment [J]. Materials Chemistry and Physics，2007，101（1）：199~210.
[185] KELEMEN S R，AFEWORKI M，GORBATY M L，et al. Characterization of organically bound oxygen forms in lignites，peats，and pyrolyzed peats by X-ray photoelectron spectroscopy（XPS）and solid-state 13C NMR methods [J]. Energy & Fuels，2002，16（6）：1450~1462.

[186] 陈永健，李伟，王建平，等. 低阶煤中氧的测定方法及对煤直接液化的影响 [J]. 洁净煤技术，2012，18 (2)：50~55.

[187] SIEBOLD A, WALLISER A, NARDIN M, et al. Capillary rise for thermodynamic characterization of solid particle surface [J]. Journal of Colloid and Interface Science, 1997, 186 (1): 60~70.

[188] QING C, BIGUI W, YINGDONG H. Capillary pressure method for measuring lipophilic hydrophilic ratio of filter media [J]. Chemical Engineering Journal, 2009, 150 (2): 323~327.

[189] 杨斌武，常青，何超. 毛细上升法研究水处理滤料的表面热力学特性 [J]. 化工学报，2007，58 (2)：269~275.

[190] Van OSS C J, CHAUDHURY M K, GOOD R J. Interfacial Lifshitz-van der Waals and polar interactions in macroscopic systems [J]. Chemical Reviews, 1988, 88 (6): 927~941.

[191] Van OSS C J, GOOD R J, CHAUDHURY M K. The role of van der Waals forces and hydrogen bonds in "hydrophobic interactions" between biopolymers and low energy surfaces [J]. Journal of Colloid and Interface Science, 1986, 111 (2): 378~390.

[192] ŻENKIEWICZ M. Methods for the calculation of surface free energy of solids [J]. Journal of Achievements in Materials and Manufacturing Engineering, 2007, 24 (1): 137~145.

[193] SIBONIO S, VOLPE C D. On the definition of scales in van Oss-Chaudhury-Good acid-base theory [J]. Match Commun. Math. Co, 2006, 56: 291~316.

[194] KWOK D Y, NEUMANN A W. Contact angle measurement and contact angle interpretation [J]. Advances in Colloid and Interface Science, 1999, 81 (3): 167~249.

[195] YOUNG T. An essay on the cohesion of fluids [J]. Philosophical Transactions of the Royal Society of London, 1805, 95: 65~87.

[196] Van OSS C J. Interfacial forces in aqueous media [M]. New York: CRC Press, 1994.

[197] RULISON C. Two-component surface energy characterization as a predictor of wettability and dispersability [J]. KRUSS Application note AN213, 2000: 1~22.

[198] AL-TURAIF H. Relationship between surface chemistry and surface energy of different shape pigment blend coatings [J]. Journal of Coatings Technology and Research, 2008, 5 (1): 85~91.

[199] THAKKER M, KARDE V, SHAH D O, et al. Wettability measurement apparatus for porous material using the modified Washburn method [J]. Measurement Science and Technology, 2013, 24 (12): 537~540.

[200] LI Z, GIESE R F, Van OSS C J, et al. The surface thermodynamic properties of talc treated with octadecylamine [J]. Journal of colloid and interface science, 1993, 156 (2): 279~284.

[201] CICHOWSKA-KOPCZYNSKA I, JOSKOWSKA M, ARANOWSKI R. Wetting processes in supported ionic liquid membranes technology [J]. Physicochemical Problems of Mineral Processing, 2014, 50 (1): 373~386.

[202] BACHMANN J, HORTON R, Van Der PLOEG R R, et al. Modified sessile drop method for assessing initial soil-water contact angle of sandy soil [J]. Soil Science Society of America

Journal, 2000, 64 (2): 564~567.

[203] GRUNDKE K, BOGUMIL T, GIETZELT T, et al. Wetting measurements on smooth, rough and porous solid surfaces [M]. Springer, 1996: 58~68.

[204] YOON R, MAO L. Application of extended DLVO theory, Ⅳ: derivation of flotation rate equation from first principles [J]. Journal of Colloid and Interface Science, 1996, 181 (2): 613~626.

[205] MILLER J D, LIN C L, CHANG S S. Coadsorption Phenomena in the Separation of Pyrite from Coal by Reserve Flotation [J]. Coal Perparation, 1984, 1 (1): 21~38.

[206] MILLER J D, LASKOWSKI J S, CHANG S S. Dextrin adsorption by oxidized coal [J]. Colloids and Surfaces, 1983, 8 (2): 137~151.

[207] FAN C W, HU Y C, MARKUSZEWSKI R, et al. Role of induction time and other properties in the recovery of coal from aqueous suspensions by agglomeration with heptane [J]. Energy & fuels, 1989, 3 (3): 376~381.

[208] 顾少雄，陈爱珠．我国煤炭可浮性评定方法 [J]．选煤技术，1991 (6): 8~12.

[209] LIU W, LIU W, WEI D, et al. Synthesis of N, N-Bis (2-hydroxypropyl) laurylamine and its flotation on quartz [J]. Chemical Engineering Journal, 2017, 309: 63~69.

[210] EJTEMAEI M, GHARABAGHI M, IRANNAJAD M. A review of zinc oxide mineral beneficiation using flotation method [J]. Advances in Colloid & Interface Science, 2014, 206 (2): 68~78.

[211] HUANG Z, HONG Z, SHUAI W, et al. Investigations on reverse cationic flotation of iron ore by using a Gemini surfactant: Ethane-1,2-bis (dimethyl-dodecyl-ammonium bromide) [J]. Chemical Engineering Journal, 2014, 257 (6): 218~228.

[212] GLEMBOTSKY V A. The time of attachment of air bubbles to mineral particles in flotation and its measurement [J]. Izvestiya Akademii Nauk SSSR (OTN), 1953 (11): 1524~1531.

[213] DESIMONI E, CASELLA G I, SALVI A M. XPS/XAES study of carbon fibres during thermal annealing under UHV conditions [J]. Carbon, 1992, 30 (4): 521~526.

[214] FIEDLER R, BENDLER D. ESCA investigations on Schleenhain lignite lithotypes and the hydrogenation residues [J]. Fuel, 1992, 71 (4): 381~388.

[215] XIA W, XIE G, PAN D, et al. Effects of Cooling Conditions on Surface Properties of Heated Coals [J]. Industrial & Engineering Chemistry Research, 2014, 53 (26): 10810~10813.

[216] XIA W, YANG J, LIANG C. Investigation of changes in surface properties of bituminous coal during natural weathering processes by XPS and SEM [J]. Applied Surface Science, 2014, 293 (4): 293~298.

[217] PIETRZAK R. XPS study and physico-chemical properties of nitrogen-enriched microporous activated carbon from high volatile bituminous coal [J]. Fuel, 2009, 88 (10): 1871~1877.

[218] KRASOWSKA M, KRASTEV R, ROGALSKI M, et al. Air-facilitated three-phase contact formation at hydrophobic solid surfaces under dynamic conditions [J]. Langmuir, 2007, 23 (2): 549~557.

[219] CHEN Y, HUANG W. Numerical simulation of the geometrical factors affecting surface rough-

ness measurements by AFM [J]. Measurement Science and Technology, 2004, 15 (10): 2005~2010.

[220] BLAKE T D, SHIKHMURZAEV Y D. Dynamic wetting by liquids of different viscosity [J]. Journal of Colloid & Interface Science, 2002, 253 (1): 196~202.

[221] SCHNEEMILCH M, HAYES R A, AND J G P, et al. Dynamic Wetting and Dewetting of a Low-Energy Surface by Pure Liquids [J]. Langmuir, 1998, 14 (14): 7047~7051.

[222] NGUYEN A V, RALSTON J, SCHULZE H J. On modelling of bubble-particle attachment probability in flotation [J]. International Journal of Mineral Processing, 1998, 53 (4): 225~249.

[223] CHI M P, AND A V N, EVANS G M. Assessment of Hydrodynamic and Molecular-Kinetic Models Applied to the Motion of the Dewetting Contact Line between a Small Bubble and a Solid Surface [J]. Langmuir, 2003, 19 (17): 6796~6801.

[224] CHURAEV N V, SOBOLEV V D. Prediction of contact angles on the basis of the Frumkin-Derjaguin approach [J]. Advances in Colloid & Interface Science, 1995, 61: 1~16.

[225] XING Y, XU M, GUI X, et al. The application of atomic force microscopy in mineral flotation [J]. Advances in Colloid and Interface Science, 2018, 256: 373~392.

[226] CHERRY B W, HOLMES C M. Kinetics of wetting of surfaces by polymers [J]. Journal of Colloid & Interface Science, 1969, 29 (1): 174~176.

[227] BLAKE T D, HAYNES J M. Kinetics of liquid/liquid displacement [J]. Journal of Colloid & Interface Science, 1969, 30 (3): 421~423.

[228] PISKIN S, AKGUN M. The effect of premixing on the floatation of oxidized Amasra coal [J]. Fuel Processing Technology, 1997, 51 (1): 1~6.

[229] YOON R H, AKSOY B S. Hydrophobic Forces in Thin Water Films Stabilized by Dodecylammonium Chloride. [J]. J Colloid Interface Sci, 1999, 211 (1): 1~10.

[230] MAO L, YOON R H. Predicting flotation rates using a rate equation derived from first principles [J]. International Journal of Mineral Processing, 1997, 51 (1~4): 171~181.

[231] SCHULZE H J, STÖCKELHUBER K W, WENGER A. The influence of acting forces on the rupture mechanism of wetting films—Nucleation or capillary waves [J]. Colloids & Surfaces A Physicochemical & Engineering Aspects, 2001, 192 (1~3): 61~72.

[232] BASNAYAKA L, SUBASINGHE N, ALBIJANIC B. Influence of clays on the slurry rheology and flotation of a pyritic gold ore [J]. Applied Clay Science, 2017, 136: 230~238.

[233] SCHULZE H J. Physico-chemical elementary processes in flotation [M]. Amsterdam: Elsevier, 1983.

[234] NGUYEN A V, SCHULZE H J, RALSTON J. Elementary steps in particle—bubble attachment [J]. International Journal of Mineral Processing, 1997, 51 (1~4): 183~195.

[235] CLAIR B P L, HAMIELEC A E, PRUPPACHER H R. A numerical study of the drag on a sphere at low and intermediate reynolds numbers. [J]. Journal of the Atmospheric Sciences, 1970, 27 (2): 308~315.

[236] JENSON V G. Viscous flow round a sphere at low reynolds numbers [J]. Proceedings of the

Royal Society of London, 1959, 249 (1258): 346~366.
[237] SUTHERLAND K L. Physical chemistry of flotation. XI. Kinetics of the flotation process [J]. Journal of Physical & Colloid Chemistry, 1948, 52 (2): 394~425.
[238] FENG D, ALDRICH C. Influence of pulp pulsation on the batch flotation of galena [J]. Chemical Engineering Communications, 2001, 186 (1): 205~215.
[239] KOSIOR D, ZAWALA J, NIECIKOWSKA A, et al. Influence of non-ionic and ionic surfactants on kinetics of the bubble attachment to hydrophilic and hydrophobic solids [J]. Colloids and Surfaces A: Physicochemical and Engineering Aspects, 2015, 470: 333~341.
[240] ULAGANATHAN V, KRZAN M, LOTFI M, et al. Influence of β-lactoglobulin and its surfactant mixtures on velocity of the rising bubbles [J]. Colloids and Surfaces A: Physicochemical and Engineering Aspects, 2014, 460: 361~368.
[241] QU J, TAO X, HE H, et al. Synergistic effect of surfactants and a collector on the flotation of a low-rank coal [J]. Coal Preparation, 2015, 35 (1): 14~24.
[242] HARPER J F. On bubbles with small immobile adsorbed films rising in liquids at low Reynolds numbers [J]. Journal of Fluid Mechanics, 1973, 58 (3): 539~545.
[243] SAVILLE D A. The effects of interfacial tension gradients on the motion of drops and bubbles [J]. The Chemical Engineering Journal, 1973, 5 (3): 251~259.
[244] 赵国玺，朱步瑶. 表面活性剂作用原理 [M]. 北京：北京大学出版社，2003.